T0207534

Wissenschaftliche Reihe Fahrzeugtechnik Universität Stuttgart

Reihe herausgegeben von

Michael Bargende, Stuttgart, Deutschland

Hans-Christian Reuss, Stuttgart, Deutschland

Jochen Wiedemann, Stuttgart, Deutschland

Das Institut für Fahrzeugtechnik Stuttgart (IFS) an der Universität Stuttgart erforscht, entwickelt, appliziert und erprobt, in enger Zusammenarbeit mit der Industrie, Elemente bzw. Technologien aus dem Bereich moderner Fahrzeugkonzepte. Das Institut gliedert sich in die drei Bereiche Kraftfahrwesen, Fahrzeugantriebe und Kraftfahrzeug-Mechatronik. Aufgabe dieser Bereiche ist die Ausarbeitung des Themengebietes im Prüfstandsbetrieb, in Theorie und Simulation. Schwerpunkte des Kraftfahrwesens sind hierbei die Aerodynamik, Akustik (NVH), Fahrdynamik und Fahrermodellierung, Leichtbau, Sicherheit, Kraftübertragung sowie Energie und Thermomanagement – auch in Verbindung mit hybriden und batterieelektrischen Fahrzeugkonzepten. Der Bereich Fahrzeugantriebe widmet sich den Themen Brennverfahrensentwicklung einschließlich Regelungs- und Steuerungskonzeptionen bei zugleich minimierten Emissionen, komplexe Abgasnachbehandlung, Aufladesysteme und -strategien, Hybridsysteme und Betriebsstrategien sowie mechanisch-akustischen Fragestellungen. Themen der Kraftfahrzeug-Mechatronik sind die Antriebsstrangregelung/Hybride, Elektromobilität, Bordnetz und Energiemanagement, Funktions- und Softwareentwicklung sowie Test und Diagnose. Die Erfüllung dieser Aufgaben wird prüfstandsseitig neben vielem anderen unterstützt durch 19 Motorenprüfstände, zwei Rollenprüfstände, einen 1:1-Fahrsimulator, einen Antriebsstrangprüfstand, einen Thermowindkanal sowie einen 1:1-Aeroakustikwindkanal. Die wissenschaftliche Reihe „Fahrzeugtechnik Universität Stuttgart" präsentiert über die am Institut entstandenen Promotionen die hervorragenden Arbeitsergebnisse der Forschungstätigkeiten am IFS.

Reihe herausgegeben von

Prof. Dr.-Ing. Michael Bargende
Lehrstuhl Fahrzeugantriebe
Institut für Fahrzeugtechnik Stuttgart
Universität Stuttgart
Stuttgart, Deutschland

Prof. Dr.-Ing. Jochen Wiedemann
Lehrstuhl Kraftfahrwesen
Institut für Fahrzeugtechnik Stuttgart
Universität Stuttgart
Stuttgart, Deutschland

Prof. Dr.-Ing. Hans-Christian Reuss
Lehrstuhl Kraftfahrzeugmechatronik
Institut für Fahrzeugtechnik Stuttgart
Universität Stuttgart
Stuttgart, Deutschland

Andreas Heinz

Nutzung der Fahrzeug-Schnittstelle zur Datenerfassung im dynamischen Fahrzeug-Betrieb

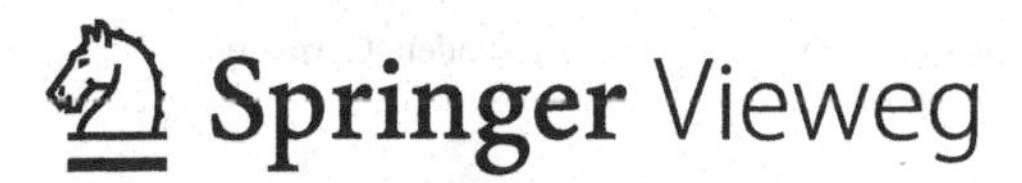

Andreas Heinz
IVK, Fakultät 7, Lehrstuhl für
Kraftfahrzeugmechatronik
Universität Stuttgart
Stuttgart, Deutschland

Zugl.: Dissertation Universität Stuttgart, 2023
D93

ISSN 2567-0042 ISSN 2567-0352 (electronic)
Wissenschaftliche Reihe Fahrzeugtechnik Universität Stuttgart
ISBN 978-3-658-44165-4 ISBN 978-3-658-44166-1 (eBook)
https://doi.org/10.1007/978-3-658-44166-1

Die Deutsche Nationalbibliothek verzeichnet diese Publikation in der Deutschen Nationalbibliografie; detaillierte bibliografische Daten sind im Internet über http://dnb.d-nb.de abrufbar.

Planung/Lektorat: Carina Reibold
Springer Vieweg ist ein Imprint der eingetragenen Gesellschaft Springer Fachmedien Wiesbaden GmbH und ist ein Teil von Springer Nature.
Die Anschrift der Gesellschaft ist: Abraham-Lincoln-Str. 46, 65189 Wiesbaden, Germany

Das Papier dieses Produkts ist recyclebar.

Vorwort / Danksagung

Die vorliegende Arbeit ist während meiner Tätigkeit als wissenschaftlicher Mitarbeiter am Forschungsinstitut für Kraftfahrwesen und Fahrzeugmotoren Stuttgart (FKFS) sowie am Institut für Fahrzeugtechnik Stuttgart (IFS) entstanden.

Mein besonderer Dank gilt Herrn Prof. Dr.-Ing. H.-C. Reuss. Er hat diese Arbeit ermöglicht, stets durch Rat und Tat gefördert und durch seine Unterstützung und sein Engagement, auch über den fachlichen Teil hinaus, wesentlich zum Gelingen beigetragen.

Für die freundliche Übernahme des Mitberichts, die Förderung der vorliegenden Arbeit und die äußerst sorgfältige Durchsicht gilt mein Dank gleichermaßen Herrn Prof. Dr.-Ing. B. Bäker.

Die Grundlage dieser Arbeit bildet die Zusammenarbeit mit der DEKRA Automobil GmbH in Form langjähriger Projektarbeiten, aus denen heraus die vorliegende Arbeit entstand. Stellvertretend hebe ich hier in besonderer Weise Herrn Dipl.-Ing. A. Richter sowie Herrn Bachelor of Engineering (BA) Simon Tilgner hervor, bei denen ich mich herzlich für die zuverlässige Unterstützung, die kollegiale Zusammenarbeit und die stets spannenden fachlichen Diskussionen bedanke.

Des Weiteren bedanke ich mich bei allen Mitarbeitern der beiden Institute FKFS und IFS, hier insbesondere herzlich bei meinen Kolleginnen und Kollegen der Kraftfahrzeugmechatronik sowie bei meinem Bereichsleiter Dr.-Ing. M. Grimm, der mich stets zu dieser Arbeit motiviert und inspiriert hat. Darüber hinaus gilt mein Dank den zahlreichen Bearbeiterinnen und Bearbeitern der zugehörigen Studien- und Diplomarbeiten.

Diplom-Ingenieur Andreas Heinz

Inhaltsverzeichnis

Abbildungsverzeichnis

Tabellenverzeichnis

Abkürzungsverzeichnis

ACC	*Adaptive Cruise Control*
ADAS	*Advanced Driver Assistance System*
AEBS	*Autonomous Emergency Braking System*
API	*Application Programming Interface*
App	*Applikation*
ASAM	*Association for Standardization of Automation and Measuring Systems*
ASAP	*Arbeitskreis zur Standardisierung von Applikationssystemen*
ASCII	*American Standard Code for Information Interchange*
AU	*Abgasuntersuchung*
CAN	*Controller Area Network*
CAN-FD	*CAN Flexible Data Rate*
CAN-XL	*Controller Area Network Extra Long*
CARB	*California Air Resources Board*
CTO	*Command Transfer Objects*
DBC	*Data Base CAN*
DID	*Dataidentifier*
DoCAN	*Diagnostics over Controller Area Network*
DoIP	*Diagnostic over internet protocol*
DTC	*Diagnostic Trouble Code*
DTO	*Data Transfer Object*
E/E-Architektur	*Elektrisch/Elektronischen-Architektur*
ECU	*Electronic Control Unit*
EPA	*Environmental Protection Agency*
ePTI	*electronic Periodic Technical Inspection*
F&E	*Forschung und Entwicklung*
FAS	*Fahrerassistenzsystemen*
FIBEX	*Field Bus Exchange Format*
HPC	*High-performance computer*
HTTP	*Hypertext Transfer Protocol*
HU	*Hauptuntersuchung*
I/O	*Input/Output*
ID	*Identifier*

IP	*Internet Protocol*
ISO	*International Organization for Standardization*
JSON	*JavaScript Object Notation*
KWP2000	*Keyword Protocol 2000*
LDF	*LIN Description File*
LIN	*Local Interconnect Network*
LKA	*Lane Keeping Assistant*
Mbit/s	*Megabit pro Sekunde*
MCD	*Measurement Calibration and Diagnosis*
MIL	*Malfunktion Indicator Lamp*
MOST	*Media Oriented Systems Transport*
MWG	*Messwertgruppen*
OAuth	*Open Authorization*
OBD	*On-Board-Diagnose*
OSI	*Open System Interconnection*
PC	*Personal Computer*
PCI	*Protocol Control Information*
REST	*Representational State Transfer*
SAE	*Society of Automotive Engineers*
SOME/IP	*Scalable Service-Oriented Middleware over IP*
SOVD	*Service Oriented Vehicle Diagnostics*
TCP	*Transmission Control Protocol*
TSN	*Time-Sensitive-Network*
UDP	*User Datagram Protocol*
UDS	*Unified Diagnostic Services*
V2V	*Vehicle-to-Vehicle*
V2X	*Vehicle-to-infrastructure*
VCI	*Vehicle Communication Interface*
WWH-OBD	*Worl Wide Harmonized On Board Diagnostics*
XCP	*Universal Measurement and Calibration Protocol*

Kurzfassung

Aufgrund der hohen Komplexität heutiger Fahrzeugsysteme stoßen Prüforganisationen bei der Begutachtung der allgemeinen Verkehrstauglichkeit eines Kraftfahrzeugs schnell an ihre Grenzen. Im Rahmen der Hauptuntersuchung (HU) mit integrierter Abgasuntersuchung (AU) werden diagnostisch relevante Daten über vom Gesetzgeber vorgegebene Kommunikationsschnittstellen elektronisch ausgelesen und bewertet. Dies dient zur Beurteilung der Sicherheit im Straßenverkehr durch Prüfung der Fahrzeuge und ihrer Systeme und zur Einhaltung der gesetzlich vorgeschriebenen Abgasgrenzwerte. [1]

Für die Bewertung sind fundierte und detaillierte Kenntnisse der Fahrzeugsysteme und deren Funktionen erforderlich. Die Validierung vernetzter Fahrzeugsysteme im Hinblick auf die Verkehrstauglichkeit erfordert neue Testmethoden und -mittel. Solche sicherheitskritischen Systeme mit Eingriff in das Fahrverhalten sind beispielsweise Abstandsregeltempomaten (ACC: Adaptive Cruise Control), automatische Notbremssysteme (AEBS: Autonomous Emergency Braking System) und Spurhalteassistenten (LKA: Lane Keeping Assistant).

In dieser Arbeit wird ein Verfahren vorgestellt, das den Ansatz der off-board-basierten Signalerfassung zur Realisierung einer möglichen präventiven Ferndiagnose verfolgt. Das Ziel des Verfahrens ist die Ermöglichung einer sicheren Erfassung von Signalen und deren vollständigen Verlauf in Serienfahrzeugen für die Bereitstellung über Remote-Systemen. Die Anwendung erfolgt für den Einsatz in Systemen mit serviceorientiertem Ansatz zur Realisierung einer cloudbasierten Fahrzeugdiagnose verteilter Systeme im dynamischen Fahrbetrieb. Anwendung soll dieses Verfahren bei der Bewertung von Fahrzeugen und deren Systemen finden, bei der ein dynamischer Fahrzeugbetrieb vorausgesetzt wird.

Abstract

The increasing functionality due to the variety of variants of vehicle models with a wide range of functions in combination with the required flexibility through adaptation options to vehicle and customer requirements leads to highly complex systems. The increasing complexity of vehicles due to electronics and software increases the risk of failure, which has become one of the biggest challenges for automotive manufacturers and suppliers in the course of vehicle modernization. These challenges are accompanied by an exponenttial increase in the risk of failure with each new subsystem in the vehicle. In order to minimize the increasing number of failures, e.g. due to the rapid integration of innovations that are not yet fully developed, vehicle diagnostics with its processes and algorithms must also be modernized.

Due to the high complexity of today's vehicle systems, testing organizations quickly reach their limits when assessing the general roadworthiness of a motor vehicle. As part of the general inspection with integrated exhaust gas testing, diagnostically relevant data is read out and evaluated electronically via communication interfaces specified by the legislator. This is used to assess road safety by testing the vehicles and their systems and to ensure compliance with the legally prescribed exhaust emission limits.

The evaluation of modern vehicles and their systems requires flexible and modular test procedures that enable use in dynamic vehicle operation. It must be possible to adapt the test methods and equipment used individually to different vehicle models. Remote diagnostic solutions can play an essential role in the future by recording time series from vehicle systems and evaluating them in the cloud. To this end, it must be possible to acquire high-resolution time series outside the vehicle, which can be used for model-based diagnostics and evaluation algorithms in the cloud.

The current diagnostic standard UDS is primarily designed for manufacturer-specific workshop diagnostics and therefore does not take into account measurement data acquisition in dynamic vehicle operation. The main reason for this is that the diagnostic algorithms for system and component monitoring are implemented in the ECUs and that they monitor themselves and their components. Among other things, diagnostic protocols are used to transmit the results of the on-board diagnostics to workshop testers for maintenance and servicing.

In this thesis, a method is presented that follows the approach of vehicle-external signal acquisition for the realization of remote diagnostics of vehicle systems. The goal of the method is to enable secure acquisition of signals and their complete course in production vehicles for deployment via remote systems. The application is for use in systems with a service-oriented approach for the realization of cloud-based vehicle diagnostics of distributed systems in dynamic driving operation. This method is to be used for the evaluation of vehicles and their systems, where dynamic vehicle operation is assumed. Due to the use of the resulting method in dynamic operation, limits must be identified and adhered to. For use in research and vehicle testing, this is done independently of manufacturer's specifications.

To this end, Chapter 2 provides an overview of the state of the art in the area of vehicle development and vehicle diagnostics. The presentation of the trends and the status quo of current E/E architectures and the degree of autonomy of modern vehicles forms the basis for illustrating the challenges of modern vehicle diagnostics. The current status of vehicle development and the resulting challenges are presented. Furthermore, Chapter 2 provides an overview of the current status of modern diagnostic systems and their implementation status with regard to completeness of implementation, as well as their objectives and problems.

Chapter 3 deals with the fundamentals of the research project for the realization of measurement data acquisition based on diagnostic communication in dynamic vehicle operation. The currently valid standards are clearly presented and relevant standards are worked out. From this, deficits and weaknesses of the standard to be used in the context of the research project are filtered out. Possibilities outside the standard are discussed, which improve the potential of the standard for use in measurement data acquisition. Furthermore, Chapter 3 deals with the methods of external measurement data acquisition in the vehicle. Since the method aims to be able to estimate the feasibility of a planned diagnostic project, the mathematical basis for calculating the generated bus load of a message sent on the CAN bus is also summarized. Requirements and boundary conditions are developed that are necessary for the application of the procedure and the resulting method. From the analysis of the diagnostic services implemented in modern production vehicles, the diagnostic protocol to be preferred for the project is determined in advance.

The analysis of the standards for estimating the possibilities of measurement data acquisition in dynamic vehicle operation carried out in Chapter 4 is divided into three parts. First of all, the common methods are examined and compared with each other. The advantages and disadvantages of these methods are presented. The selection of the method to be used and the presentation of the possibilities arising from the standard are also made in this part. In Chapter 4.3, new mathematical functions are derived that make it possible to computationally investigate the methods for data acquisition identified from the method with the help of diagnostic protocols and to evaluate them before the actual implementation. This highlights the need for a clear distinction between the use case and the resulting choice of calculation functions.

Finally, Chapter 5 deals with the method presented in this thesis itself. This consists of five procedural steps, which are carried out one after the other and enable an assessment to be made as to whether a planned diagnostic project can be carried out. The first step describes the requirements that must be met in order to be able to evaluate a vehicle system or a vehicle function externally in a remote system. The most important criterion is compliance with the sampling theorem of the signals to be recorded. The basic procedure for analysing the requirements for the signals to be recorded is described. The second step of the procedure deals with the requirements for vehicle safety when carrying out measurement data acquisition in dynamic operation. The main criterion here is the bus load on the vehicle's internal networks. As an example, possibilities for recording the existing bus base load are shown. The third step of the process deals with the methodical analysis and identification of the optimal method from the possibilities of the vehicle systems for carrying out the measurement data acquisition. Procedures for determining the required information and parameters are shown. The information obtained in this step makes it possible to identify the optimal method that the vehicle system provides to acquire the required system signals. In this context, step four refers to the increase in efficiency and the reduction of temporal resolution by parallelizing communication with several ECUs and explains the prerequisites for this. The preceding procedural steps provide all the information that enables an assessment of the diagnostic project in procedural step five. With this estimation, the implementation and test on the real test specimen can be carried out in the last step of the process.

Chapter 6 of the thesis describes the practical proof. The applicability of the method and the resulting method for measuring data acquisition is demonstrated by the presentation of the procedure and the validity of the estimation using exemplary defined scenarios. In order to check the validity of the calculated bus loads, the calculated results are compared with measurement results from realistic simulations of the defined scenarios. The results and the measurements compared with them indicate the reliability of the determined formulas and show the potential for increasing efficiency in the determination of cyclic measurement data acquisition optimized for the available possibilities. To illustrate the potential of data acquisition using the Unified Diagnostic Services diagnostic protocol, the results obtained are compared with corresponding results using the XCP measurement and calibration protocol.

The state of the art of conventional implementations of diagnostic protocols in diagnostic tools and vehicle ECUs is not designed to capture high-resolution signals by means of diagnostic protocols and make them directly available to a remote system. The main challenge in out-of-vehicle signal acquisition is to capture sufficient signal curves with sufficient temporal resolution for diagnostic algorithms to evaluate the system outside the vehicle. The functionality of the vehicle and its systems must be ensured by not influencing existing in-vehicle communication as far as possible. The measure of this is the increase in the bus load due to the communication imposed from the outside. By applying the new method, this can be estimated computationally and reduced to up to 14% compared to regular methods by identifying the available optimal method for data acquisition. This corresponds to an approximate efficiency similar to that of measurement data acquisition with the help of the XCP measurement and calibration protocol.

Modern diagnostic and communication protocols offer far more possibilities than just reading faults and their environmental data. For example, it is possible to remotely monitor critical systems and validate their functionality by recording and validating physical variables during driving. By providing the data in a remote system that takes over the analysis of the data from the system to be diagnosed, off-board diagnostic functions can be realized to detect anomalies early and initiate preventive measures even before a system suffers major damage that can lead to total failure of the vehicle.

In order to increase the efficiency of measurement data acquisition for the implementation of such remote diagnostic systems, the possibilities of the standard must be expanded and weaknesses eliminated. In addition, vehicle manufacturers and system suppliers must ensure the completeness of ECU implementations in order to exploit the full potential of the diagnostic standard.

The trends in the automotive industry described in Chapter 2.1 favor the feasibility of off-board and model-based vehicle diagnostics for use in dynamic vehicle operation. These include, in particular, the consolidation of vehicle systems into HPC and the restructuring of the E/E architecture towards a zonal architecture with a service-oriented approach and communication via an Ethernet-based backbone to reduce the complexity of the vehicle network. Beyond the vehicle boundary, the Internet is integrated into the vehicle and the vehicle is networked with its surroundings. This creates the basis for outsourcing monitoring and diagnostic functions implemented on the ECU side and making them available centrally in a cloud, which are merely part of diagnostic algorithms for the maintenance, repair and technical testing of vehicle functions.

Today's technical possibilities offer the potential for the realization of modular and flexible remote diagnostic solutions. With the exploitation of this potential, complex algorithms for system evaluation can be executed by acquiring raw signals, such as those used for on-board diagnostic functions in production vehicles or for measurement and calibration tools in vehicle development. By outsourcing diagnostic functions implemented on the vehicle side, which are exclusively used for the maintenance, repair and testing of vehicle systems and their components, cost and time advantages can be achieved, which have to be spent with great effort in the development of diagnostic functions before series production.

The use of off-board tools to develop new diagnostic functions provides a high degree of flexibility in terms of troubleshooting, adapting and updating the implemented functions. The envisaged methodology opens up new potentials for this purpose, which can support and supplement the diagnosis of vehicles in the future.

These potentials include:

- The realization of a diagnostic communication optimized and regulated in terms of bus load, data volume and measurement resolution.
- The localization of deviations from the system specification and system-related errors through the flexible creation of variable diagnostic algorithms.
- The realization of flexible, modular new diagnostic algorithms that have not been taken into account in vehicle development and whose diagnosis requires dynamic vehicle operation in order to be able to diagnose complex and difficult-to-control distributed systems in production vehicles.
- The realization and adaptation of advanced off-board-based test applications for the condition assessment of vehicle systems and functions.
- The support and expansion of standard-compliant and manufacturer-specific test and approval processes.
- The estimation of the potential of standardized and implemented diagnostic and off-board communication with expansion possibilities for future requirements.

This thesis introduces for the first time a method in the vehicle environment to design a measurement project by means of event-oriented data transmission and to estimate its feasibility. In addition, measurements can be made more efficient or optimized in terms of resolution and timing. In doing so, given safety requirements and normative specifications are always complied with and a bus load calculation for the CAN is introduced, which can take additional bus loads into account for measurement purposes. This makes it possible to make a statement in advance of the measurement as to whether or not this measurement task is feasible for safe use in real driving conditions.

Based on existing approaches to remote diagnostics, the method will continue to enable a smooth transition to remote data logging and real-world measurement of data with sufficient data in production vehicles to monitor and analyze the condition and behavior of the vehicle and its systems in the cloud. This makes it possible to increase vehicle safety and availability.

1 Einleitung

In der Automobilindustrie ist seit einigen Jahren ein Wandel des Kraftfahrzeuges vom Inselbetrieb hin zum vernetzten Fahrzeug zu erkennen. Dies wird vor allem durch Trends wie

- die Automatisierung des Kraftfahrzeuges mittels Integration von Fahrerassistenzsystemen und der Kommunikation mit ihrer Umwelt,
- die Elektrifizierung des Automobils sowie
- die Autonomisierung des Fahrzeuges

bedingt. Begünstigende Faktoren sind Computer-, Telekommunikations- und Internettechnologien, Software, kostengünstige Leistungs- und Mikroelektronik sowie moderne Mehrkernprozessoren mit hoher Rechenleistung und preiswerte Speichertechnologien. Steigendes Umweltbewusstsein, gesetzliche Vorgaben und zunehmende Verkehrsdichte sowie steigende Anforderungen an Sicherheit und Komfort tragen ebenfalls zu diesem Paradigmenwandel bei.

Parallel zum Wandel des Automobils verändern sich die Fahrzeugdiagnose und die Fahrzeugkommunikation. Der anhaltende Trend zur Integration von immer mehr Systemen und zur Verteilung von Funktionen in hochgradig vernetzten Fahrzeugen führt zu einer stark steigenden Komplexität der Fahrzeugdiagnose. Dies zeigt sich insbesondere bei der Fehlererkennung. Auftretende Fehlersymptome stehen oft nicht in direktem Zusammenhang mit der eigentlichen Fehlerursache. Fehlerfortpflanzung führt häufig zu Folgefehlern in anderen Systemen, wodurch eine eindeutige Identifikation der Fehlerursache enorm erschwert wird. Um der Entstehung von Fehlern vorzubeugen und im Fehlerfall schneller reagieren zu können, werden von den Automobilherstellern Systeme zur Diagnose „over the air“ angestrebt.

Neueste Ansätze und Konzepte zur serviceorientierten Fahrzeugdiagnose (SOVD) zielen ebenfalls darauf ab, die zunehmende Komplexität der Diagnose von Fahrzeugfunktionen verteilter Systeme beherrschbar zu machen. Die externe Fahrzeugvernetzung und die Integration des Internetzugangs in das Kraftfahrzeug begünstigen diese Entwicklungen. Die klassische Nutzung der

A. Heinz, *Nutzung der Fahrzeug-Schnittstelle zur Datenerfassung im dynamischen Fahrzeug-Betrieb*, Wissenschaftliche Reihe Fahrzeugtechnik Universität Stuttgart,
https://doi.org/10.1007/978-3-658-44166-1_1

Off-Board-Diagnose vor allem zum Auslesen von Fehlerspeichern und Umgebungsdaten findet auch hier statt und ist im Hinblick auf die Fehlererkennung, Fehlervermeidung, Zustandserkennung und Zustandsbewertung nur bedingt zielführend. [2]

Ziel dieses Kapitels ist es, in die Thematik und Problematik dieser Arbeit einzuführen. Mit der Ableitung der Problemstellung und der damit verbundenen Forschungsfrage, der Zielsetzung und der Abgrenzung des Arbeitsgebietes wird die Motivation für das Forschungsvorhaben dargestellt.

Kapitel 2 behandelt den Stand der Technik auf dem Gebiet der Fahrzeug-Diagnose.

In Kapitel 3 werden die Grundlagen des Forschungsvorhabens für die Umsetzung einer auf Diagnose basierenden Messdatenerfassung im dynamischen Fahrzeugbetrieb dargestellt. Dazu wird ein Überblick über die derzeit gültigen Normen gegeben. Darüber hinaus werden die grundlegenden Techniken der off-board-basierten Messdatenerfassung im Fahrzeug behandelt. Die relevanten Normen werden diskutiert. Die Anforderungen und Randbedingungen, die für die Anwendung des Verfahrens und der daraus resultierenden Methode notwendig sind, werden erarbeitet.

In Kapitel 4.4 werden die mathematischen Grundlagen erarbeitet, um Methoden für die Messdatenerfassung mit Hilfe von Diagnose-Protokollen arithmetisch betrachten und vor der eigentlichen Umsetzung bewerten zu können.

In Kapitel 5 wird schließlich das in dieser Arbeit vorgestellte Verfahren selbst behandelt.

Kapitel 6 der Arbeit beschreibt den praktischen Nachweis. Durch die Darstellung der Vorgehensweise und der Gültigkeit der Abschätzung an beispielhaft definierten Szenarien wird die Anwendbarkeit des Verfahrens und der daraus resultierenden Methode zur Messdatenerfassung aufgezeigt. Abschließend erfolgen die Zusammenfassung der Arbeit und das daraus resultierende Fazit.

1.1 Problem und Fragestellung

Der Begriff Diagnose beschreibt im Allgemeinen

„Das Feststellen, Prüfen und Klassifizieren von Merkmalen mit dem Ziel der Einordnung zur Gewinnung eines Gesamtbildes" [3].

Im medizinischen Sinne bedeutet der Begriff Diagnose

„Die vorgenommene Zuordnung der gefundenen Symptome zu einem Krankheitsbegriff, eventuell unter Abgrenzung gegen ähnliche Erkrankungen" [4].

Übertragen auf die Fahrzeugdiagnose beschreibt die Diagnose den Prozess der genauen Zuordnung von Fehlersymptomen zu einem defekten Bauteil oder System elektrischer und elektronischer Komponenten im Kraftfahrzeug. Dies geschieht während der Fahrzeugentwicklung und des Fahrzeugbetriebs, zur Fehleranalyse im Reparaturfall und in der Qualitätssicherung für statistische Auswertungen. Dabei wird die Fahrzeugdiagnose in die zwei Komponenten

- innerhalb des Fahrzeuges, die On-Board-Diagnose und
- außerhalb des Fahrzeuges, die Off-Board-Diagnose

unterteilt. Darüber hinaus informiert und warnt die Fahrzeugdiagnose den Fahrer über aufgetretene Fehler und deaktiviert Fahrzeugfunktionen und Fahrzeugsysteme, wenn deren fehlerfreie Funktion nicht zweifelsfrei sichergestellt werden kann.

Die Entwicklung, Implementierung und Validierung von Diagnosefunktionen erfolgt parallel während der Fahrzeugentwicklung und Integration neuer Fahrzeugfunktionen und -systeme. Dazu werden on-board system- und funktionsrelevante Signale von Sensoren und Aktoren sowie Software erfasst und mittels einer Plausibilitätsprüfung überwacht und bewertet. Fahrzeugextern erfolgt dies während der Entwicklung beispielsweise mithilfe von Mess- und Applikationswerkzeugen durch Nutzung des universellen Mess- und Kalibrierprotokolls XCP [5]. Die final implementierten Diagnosealgorithmen werden in die Steuergerätesoftware integriert, um Fehler und Anomalien während des Betriebs zu erkennen und entsprechende Maßnahmen einzuleiten, die einen sicheren Fahrzeugbetrieb gewährleisten. Erkannte Fehler werden im Fehlerspeicher des Steuergerätes abgelegt und können mithilfe von Off-Board-

Diagnosewerkzeugen ausgelesen werden. Dazu werden standardisierte Diagnose- und Kommunikationsprotokolle verwendet. Angesichts der zunehmenden Komplexität von Kraftfahrzeugen und den daraus resultierenden Anforderungen an die Fahrzeugdiagnose und die Protokolle für den Daten- und Informationsaustausch lassen sich folgende Probleme bei der Diagnose moderner Serienfahrzeuge festhalten:

- Die Beherrschbarkeit und einfache Durchführbarkeit des fahrzeugexternen Teils der Fahrzeugdiagnose mittels eines Diagnosewerkzeugs setzt die Vollständigkeit und Zuverlässigkeit des on-board-seitigen Teils voraus. Fehlerhafte oder unzureichende Diagnosefunktionen können bei Fahrzeugen im Feld nur mit erheblichem Mehraufwand korrigiert und angepasst werden.
- Die Validierung und Verifikation moderner, hochautomatisierter Fahrzeuge und ihrer Systeme sowie deren Zustandsbewertung erfordern Tests im dynamischen Fahrzeugbetrieb. Die sichere Durchführung solcher Tests erfordert die Möglichkeit, Signalverläufe hochauflösend aufzuzeichnen, ohne die Funktionen der Fahrzeugsysteme und des Fahrzeugs selbst zu beeinflussen oder gar zu stören.
- Die derzeitigen Standards für den Datenaustausch zwischen fahrzeugexternen Diagnosewerkzeugen und fahrzeuginternen Systemen im Rahmen der Fahrzeugdiagnose bieten keine ausreichende Sicherheit und Effizienz für die Erfassung von Signalverläufen. Sie sind für die Anwendung im Bereich der Instandhaltung und Wartung, Reparatur und regelmäßigen technische Untersuchung konzipiert, die einen Stillstand des Fahrzeugs voraussetzen.

Die eigentliche Fahrzeugdiagnose findet im Fahrzeug statt und wird von den Fahrzeugsystemen im laufenden Betrieb durchgeführt. Die Off-Board-Diagnose, mithilfe von Diagnosetestern oder auch mit modernen Remote-Systemen, dient lediglich der Visualisierung der durch die On-Board-Diagnose erkannten Probleme und zur Steuerung der auf der Steuergeräteseite implementierten Testfunktionen. Die Test- und Diagnosealgorithmen sind weiterhin Bestandteil der Steuergeräte-Software. Fehlende, fehlerhafte oder unzureichende Diagnosealgorithmen können aufgrund fehlender Modularität und Flexibilität nicht einzeln, sondern nur zusammen mit der gesamten Steuergeräte-Software aktualisiert werden.

Eine

- Entwicklung neuer Diagnosefunktionen und deren Einsatz in modernen Serienfahrzeugen,
- die flexible Anpassung von Diagnosefunktionen zur Verbesserung und Erleichterung der Fehlersuche sowie
- die Ausführung individueller Algorithmen zur Erkennung von Fehlerursachen bei sporadisch auftretenden Fehlfunktionen,

wie es bei modernen mechatronischen Systemen Stand der Technik ist, ist mit der derzeit realisierten Form der Fahrzeugdiagnose kaum möglich.

Ausgehend von den oben dargestellten Problemen bei der Fahrzeugdiagnose beschäftigt sich die vorliegende Arbeit mit der Fragestellung:

Wie können unter Berücksichtigung von gültigen und implementierten Standards aus dem System ‚modernes Serienfahrzeug', in Echtzeit und mit hoher Sicherheit, Fahrzeugmesswerte und hinreichende Signalverläufe erfasst und einem Remote-System zur Verfügung gestellt werden, um erwieterte modellbasierte und off-board-gestützte Diagnosefunktionen zu realisieren?

1.2 Ansatz, Zielsetzung, Arbeitsgebiet sowie Abgrenzung

Moderne Diagnosesysteme bieten mehr Möglichkeiten als das Auslesen von Fehlern und deren Umgebungsdaten. Kritische Systeme und deren Funktionen können off-board- und modellbasiert überwacht, validiert und verifiziert werden, indem physikalische Größen im Fahrbetrieb erfasst und einem Remote-Modell zugeführt werden. Dieses Modell bildet das zu untersuchende System ab.

In dieser Arbeit wird ein Verfahren für die Auslegung und Realisierung einer Messdatenerfassung im dynamischen Fahrzeugbetrieb vorgestellt. Dabei wird das Ziel verfolgt

- die Effizienz der implementierten Fahrzeugdiagnose zur Signalerfassung hinsichtlich der zeitlichen Auflösung und damit der Qualität der aufgezeichneten Signale sowie
- die Sicherheit bei der Off-Board-Kommunikation im Hinblick auf die Störung der fahrzeuginternen Kommunikation

zu optimieren und zu verbessern.

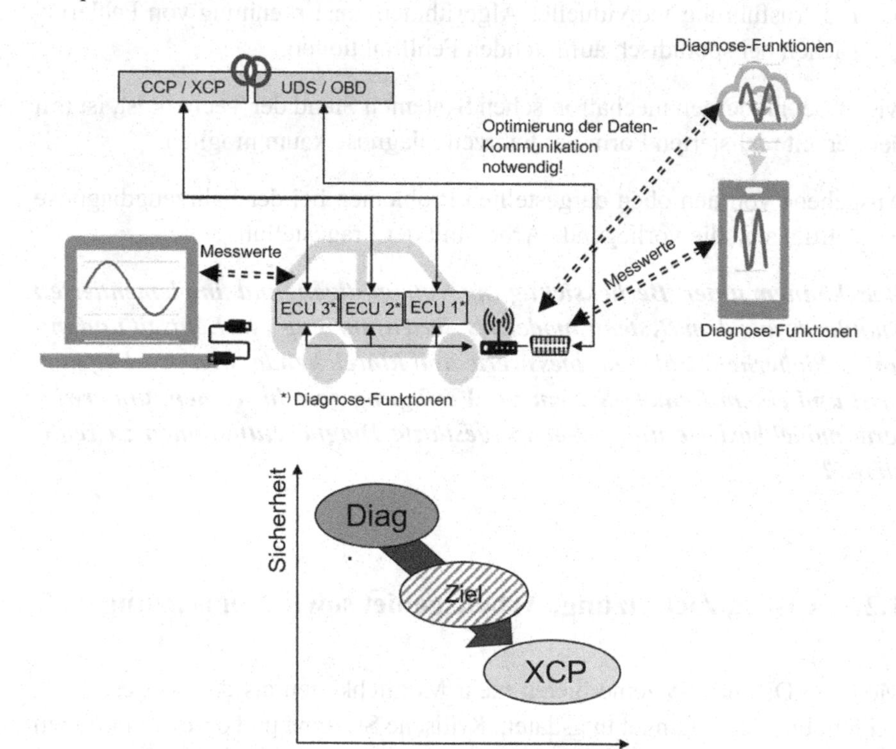

Abbildung 1.1: Grafische Darstellung der Forschungsfrage

Um dieses Ziel zu erreichen, werden in dieser Arbeit die standardisierte Fahrzeugdiagnose, die dazu notwendigen Protokolle für die Off-Board-Kommunikation und die Verfahren zur Signalerfassung nach dem aktuellen Stand der Technik untersucht. Um die Potenziale moderner Standards zur Signalerfassung zu untersuchen, werden diese detailliert analysiert. Im Mittelpunkt stehen dabei

- die technischen Möglichkeiten der Datenerfassung mittels Off-Board-Kommunikationsprotokoll,
- die Sicherheit des Fahrzeugs im dynamischen Betrieb und
- die Effizienz hinsichtlich der zeitlichen Auflösung von Signalverläufen.

Es sollen aktuelle Diagnosestandards verwendet werden, die dem Stand der Technik moderner Serienfahrzeuge entsprechen. Dies erlaubt die Anwendung des Verfahrens an Serienfahrzeugen im Feld. Für den Einsatz in der Wartung und Instandhaltung sowie in der Fahrzeugprüfung soll die resultierende Methode zur Erfassung von Messdaten im dynamischen Betrieb dienen, um die ordnungsgemäße Funktion des Fahrzeuges und dessen Teilsysteme evaluieren und bewerten zu können.

Durch die Reduzierung des Kommunikationsaufkommens bei der Signalerfassung mittels eines Diagnoseprotokolls ermöglicht dieser Ansatz, die zu erfassenden Signale einem Remote-System für die Analyse und die Auswertung zur Verfügung zu stellen, ohne die beteiligten Datenkanäle zu überlasten. Erweiterte modellbasierte Diagnosealgorithmen müssen nicht in den Steuergeräten implementiert werden, sondern können in einem Remote-System bereitgestellt werden, das über die Distanz mit den notwendigen Informationen versorgt wird.

Durch die Zunahme verteilter Funktionen im Fahrzeug und die zunehmende Vernetzung wird die Ferndiagnose in Zukunft eine wesentliche Rolle spielen. Hieraus ergeben sich neue Anforderungen an die zukünftige Ferndiagnose, zu denen in erster Linie

- die Optimierung der diagnostischen Messdatenerfassung,
- die Ermöglichung einer Off-Board-Diagnose im dynamischen Fahrzeugbetrieb,
- die Steigerung der Effizienz und Qualität der Datenerfassung in Remote-Systemen und die Komprimierung der zu übertragenden Daten

gehören. Dies ermöglicht eine zuverlässige remote- und modellbasierte Diagnose über den gesamten Fahrzeuglebenszyklus.

Ziel des Verfahrens ist die Bereitstellung einer Methode, die die Signalerfassung von physikalischen und systeminternen Größen von Fahrzeugsystemen im dynamischen Betrieb des Fahrzeuges ermöglicht. Die Methode kombiniert die Vorteile von Mess- und Kalibrierprotokollen mit denen von Diagnoseprotokollen, und hat die Eigenschaft, die zeitliche Auflösung wie bei XCP zu bieten und damit die Vorteile der Diagnosekommunikation hinsichtlich der Beeinflussung der fahrzeuginternen Kommunikation zu verbinden.

2 Stand der Technik

2.1 Trends in der Automobilindustrie

Nach einer Studie der Unternehmens- und Strategieberatung McKinsey & Company [6] zu Fahrzeugentwicklung, Innovationen und Neuheiten zeichnen sich in der Automobilbranche klare Trends ab, an denen Automobilhersteller und Zulieferer arbeiten. Dazu gehören insbesondere

- die Automatisierung des Fahrzeugs durch die Integration von Fahrerassistenzsystemen sowie die Autonomisierung des Fahrzeugs,
- die Vernetzung mit der Umwelt und
- die Elektrifizierung des Kraftfahrzeugs.

Diese Trends sind auf eine Vielzahl von Faktoren zurückzuführen, von denen

- technologische Möglichkeiten in den Bereichen der Leistungs- und Mikroelektronik, der Computer-, Telekommunikations- und Internettechnologie,
- Software und kostengünstige Leistungselektronik,
- wachsendes Umweltbewusstsein, gesetzliche Vorgaben und
- steigende Verkehrsdichte und Anforderungen an Sicherheit und Komfort

den größten Einfluss nehmen [7]. Der technologische Fortschritt wird vor allem durch die Konsum- und Unterhaltungselektronik stark vorangetrieben und beeinflusst maßgeblich die Entwicklung der E/E-Architektur im Fahrzeug.

Der Einsatz moderner Mehrkernprozessoren mit hoher Rechenleistung und kostengünstige Speichertechnologien, mit denen hochkomplexe Regelungen und Steuerungen für unterschiedlichste Fahrzeugsysteme entwickelt und realisiert werden können, führt zu einen verstärkten Einsatz von Software im Automobil. Dies spiegelt sich vor allem in der Anzahl der im Automobil verbauten Steuergeräte wider, die in modernen Kraftfahrzeugen auf bis zu 100 und noch mehr angestiegen ist.

A. Heinz, *Nutzung der Fahrzeug-Schnittstelle zur Datenerfassung im dynamischen Fahrzeug-Betrieb*, Wissenschaftliche Reihe Fahrzeugtechnik Universität Stuttgart,
https://doi.org/10.1007/978-3-658-44166-1_2

Steigende Anforderungen an die Sicherheit von Insassen und Fußgängern bei gleichzeitig wachsenden Verkehrsaufkommen sind weitere Treiber für die Automatisierung und Autonomisierung des Kraftfahrzeugs. Um diesen Anforderungen gerecht zu werden, wurden verschiedene Sicherheitssysteme entwickelt, die heute zur Serienausstattung eines modernen Kraftfahrzeugs gehören.

Im Vergleich zum Beginn des 21. Jahrhunderts bietet der heutige Stand der Technik deutlich mehr Möglichkeiten zur Elektrifizierung, Vernetzung und Autonomisierung von Fahrzeugen. Neben elektronischen Systemen zur Einhaltung und Überwachung der gesetzlichen Abgasgrenzwerte und zur Erhöhung der Sicherheit werden zunehmend Systeme integriert, die den Komfortansprüchen der Kunden gerecht werden. Dazu gehören hochautomatisierte Fahrerassistenzsysteme wie Tempomat, Spurhalteassistent und Einparkhilfe, die wichtige Bausteine für die Autonomisierung des Kraftfahrzeugs darstellen und durch die schrittweise Integration von fortgeschrittenen Fahrerassistenzsystemen (FAS, engl. ADAS) angestrebt wird [8].

Stufen des autonomen Fahrens

Level	Stufe	Beschreibung
Level 5	Vollständig automatisiertes Fahren.	Es ist kein Fahrer mehr erforderlich.
Level 4	Hochgradig automatisiertes fahren	Assistenzsysteme übernehmen die dauerhafte, vollständige Funktion des Fahrens und Bedienens eines Fahrzeuges. Der Fahrer kann nach wie vor die Führung übernehmen.
Level 3	Bedingtes autonomes Fahren	Bestimmte Funktionen des Führens eines Fahrzeugs werden autonom ausgeführt. Der Fahrer kann zu jeder Zeit eingreifen und Funktionen übernehmen.
Level 2	Teilautomatisierung des Fahrens	Abgegrenzte Teilfunktionen des Fahrens wie das Spurhalten oder Einparken werden von Assistenzsystemen übernommen.
Level 1	Fahren mit Assistenz	Unterstützung des Fahrers bei der Fahrzeugbedienung und -steuerung
Level 0	kein automatisiertes Fahren	der Fahrer fährt selbst

Automatisierungsgrad

Abbildung 2.1: Stufen des autonomen Fahrens [8]

Die Forderung nach mehr Sicherheit, Komfort und Umweltverträglichkeit erfordert die Integration von immer mehr elektronischen Systemen, die miteinander kommunizieren müssen. Man spricht hier von verteilten Systemen. Eine Funktion wird dabei auf mehrere Steuergeräte in einem Netzwerk verteilt, um Aufgaben effizienter zu erledigen. In heutigen Serienfahrzeugen gibt es eine

Vielzahl von Fahrerassistenzsystemen, die das Führen eines Fahrzeugs unterstützen. Diese nutzen sensorisch erfasste Signale, um dem Fahrer visuelle, akustische oder haptische Rückmeldungen zu geben oder direkt in die Fahrzeugführung eingreifen.

Die Übertragung und Verarbeitung von Daten in Echtzeit zwischen den kooperierenden Systemen erfordern eine hohe Kommunikations- und Verarbeitungsgeschwindigkeit. Dies führt zu einem ständig wachsenden Kommunikationsaufkommen und zu steigenden Anforderungen an die Kommunikationsgeschwindigkeit und die Menge der zu übertragenden und zu verarbeitenden Daten. Schnellere und zuverlässigere Datenübertragungssysteme sowohl innerhalb als auch über die Fahrzeuggrenzen hinweg sind hierfür zwingend erforderlich [9]. Neue Kommunikationssysteme für die Vernetzung von Systemen im Fahrzeug, wie das 2011 entwickelte und 2012 veröffentlichte Protokoll CAN-FD, CAN XL und Automotive Ethernet erfüllen diese Anforderungen.

CAN-FD als Erweiterung des klassischen CAN-Busses nach ISO 11898-1 [10] ermöglicht eine bis zu 8-fach schnellere Übertragungsrate der Nutzdaten und einen bis zu 64 Bytes langen Nutzdatenbereich (Payload) pro CAN-Nachricht. Eine Erhöhung der Übertragungsrate für die Übertragung der Nutzdaten koexistent auf dem Standard-CAN-Bus ist möglich, da keine Synchronisation der Busteilnehmer erforderlich ist, wenn ein Busknoten eine Nachricht sendet. Je nach Netzwerktopologie ist damit in der Praxis ein etwa sechsmal höherer Datendurchsatz im Vergleich zum klassischen CAN möglich. [11] [12] [13]

CAN XL ist die Weiterentwicklung von CAN und CAN-FD, spezifiziert in der Dokumentenserie Cia610 [14] und standardisiert als Teil der ISO 11898 (1). CAN XL soll die Anforderungen zukünftiger Fahrzeugarchitekturen im Zusammenhang mit serviceorientierter Kommunikation abdecken und liefert die Grundlage für ein effizientes Zusammenwirken von IP-Technologie und klassischer signalbasierter Kommunikation [15]. Wie bei CAN-FD ist sowohl die Übertragungsrate in der Datenphase als auch die Nutzdatenlänge skalierbar. Die Übertragungsgeschwindigkeit kann zwischen 2 Mbit/s und 10 Mbit/s liegen. Die Nutzdatenlänge ist zwischen 1 bis 2048 Bytes variabel, so dass Ethernet-Botschaften in CAN-XL-Botschaften verpackt oder IP-Kommunikation über CAN XL genutzt werden kann. CAN XL ist für Backbone- und Sub-Backbone-Netzwerkanwendungen konzipiert und für die einfache Integration in TCP/IP-Netzwerke ausgelegt [16].

Die zunehmende Anzahl computerbasierter Systeme im Automobil und die steigenden Anforderungen an geringe Latenzzeiten, Echtzeitfähigkeit und hohe Bandbreiten erfordern Infrastrukturen zur Datenübertragung wie Ethernet, die diesen Anforderungen gerecht werden [17]. Für den Einsatz von Ethernet im Automobil wurde der Standard Automotive Ethernet (BroadR-Reach) entwickelt, der die Vernetzung von Fahrzeugsystemen über ungeschirmte Single-Twisted-Pair-Kabel ermöglicht. Die von der Firma Broadcom als BroadR-Reach eingeführte 100BASE-T1-Technologie definiert die Bitübertragungsschicht im ISO/OSI-Schichtenmodell [18]. BroadR-Reach ermöglicht gleichzeitiges Senden und Empfangen (Vollduplex) über ungeschirmte Twisted-Pair-Kabel. Zum Vergleich wird beim Standard 100BASE-TX, der in der Computervernetzung und Bürokommunikation eingesetzt wird, für die gleiche Datenrate jeweils ein Kabel-Paar zum Senden und zum Empfangen benötigt [19].

Ethernet wird im Fahrzeug bereits in vielen Bereichen eingesetzt - zur Kommunikation im Fahrzeug, zum Flashen von Steuergeräten, zum Messen und Kalibrieren, zur Diagnose über DoIP, zur Kommunikation zwischen Elektrofahrzeugen und Ladestationen, zur Vernetzung von Fahrzeugen untereinander (V2V und V2X) oder für Infotainmentsysteme im Fahrzeug. Auch ADAS-Funktionen für automatisiertes und autonomes Fahren nutzen Ethernet für den Datenaustausch [20]. Darüber hinaus wird Ethernet als Daten-Backbone eingesetzt und verbindet so die verschiedenen Kommunikationsdomänen einer E/E-Architektur. In Verbindung mit Automotive-Ethernet wird auf der Datentransportschicht (i.d.R.) das IP-Protokoll sowie die Protokolle TCP und UDP verwendet. Der zunehmende Einsatz von hochauflösenden Bildsensoren und Lidar-Geräten erzeugt eine große Datenmenge, die fehlerfrei und in Echtzeit zu den Steuergeräten übertragen werden muß. Das konventionelle Ethernet ist für diese Anwendungen ungeeignet, da es kollisionsbasierende Protokolle enthält, die zeitlich unvorhersehbar und für sicherheitskritische Funktionen nicht anwendbar sind. Durch das Hinzufügen von deterministischen Timing-Funktionen mittels Time-Sensitive-Network (TSN), die eine zeitliche Koordination zwischen mehreren Sendern und Empfängern ermöglichen, kann das Anwendungsspektrum von Ethernet erheblich erweitert werden, wie z.B. als Netzwerk-Backbone, Medium für Inter-Domain-Controller-Netzwerke und möglicherweise als Ersatz für bestehende serielle Netzwerke wie CAN, LIN, MOST und FlexRay. [21]

Mit der zunehmenden Integration von (Fahrerassistenz-) Funktionen in das Automobil steigt die Komplexität der E/E-Architektur gegenüber bisherigen Konzepten, wie der dezentralisierten Architektur oder der in den meisten Serienfahrzeugen am häufigsten realisierten Gateway-Architektur. Durch die Abbildung von Funktionen auf physikalische Geräte (Partitionierung) wird das Fahrzeugnetzwerk immer komplexer und unbeherrschbarer. Durch den Informationsaustausch mittels signalbasierter Kommunikation zwischen den einzelnen Systemen steigt das Kommunikationsaufkommen so stark an, dass gängige Kommunikationssysteme, wie der CAN-Bus, an ihre Grenzen stoßen. Um die Partitionierung und die Komplexität des Fahrzeugnetzwerks wieder zu reduzieren werden Ansätze untersucht, welche die Vielzahl der elektronischen Systeme in wenigen oder sogar nur einem Steuergerät vereinen [22]. Nach [23] ist dies jedoch nicht in allen Bereichen der E/E-Architektur sinnvoll und produktionstechnisch nicht umsetzbar.

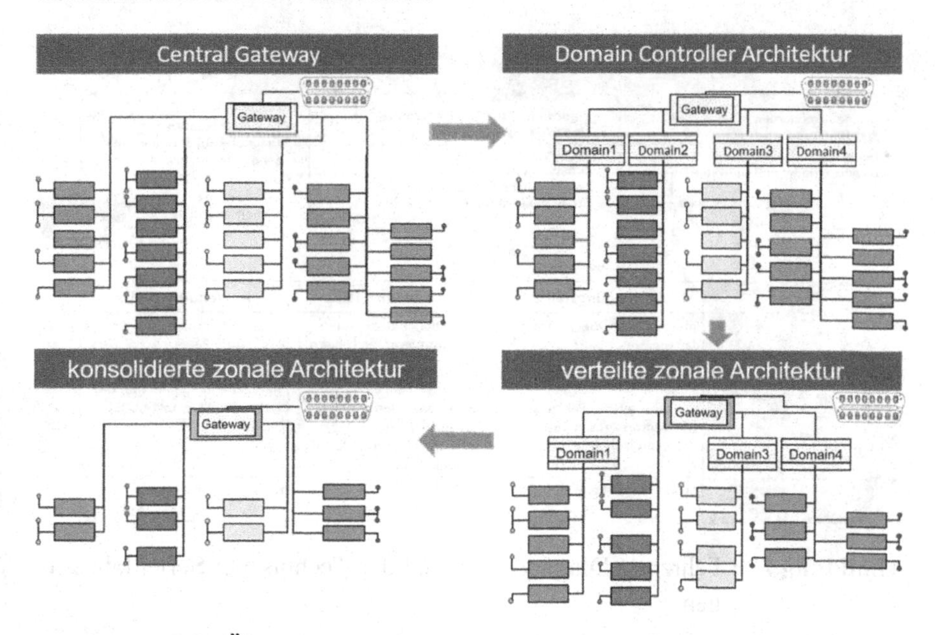

Abbildung 2.2: Übergang von der klassischen Gateway-Architektur zur zonalen E/E-Architektur [24]

Im Automobilbereich wird daher seit einiger Zeit das Ziel verfolgt, zukünftig eine verteilte zonale oder auch konsolidierte zonale E/E-Architektur zu realisieren. Bei der Umstellung der E/E-Architektur von einem zentralen Gateway auf eine zonale Architektur kann durch einen serviceorientierten Ansatz das Kommunikationsaufkommen zwischen den Systemen reduziert werden. Die signalbasierte Kommunikation zwischen den Steuergeräten über Bussysteme kann in eine serviceorientierte Kommunikation überführt werden. Dabei tauschen Dienste nach dem Provider-Consumer-Konzept direkt mithilfe einer Middleware wie z.B. SOME/IP oder REST über Ethernet die benötigten Daten direkt untereinander aus [25]. Bei einem zentralisierten E/E-Architekturansatz, bei dem mehrere virtuelle Steuergeräte in einem HPC zusammengeführt werden, kann der Datenaustausch serviceorientiert über Softwareschnittstellen (API) erfolgen [26].

2.2 Diagnose von Kraftfahrzeugen – Stand der Technik

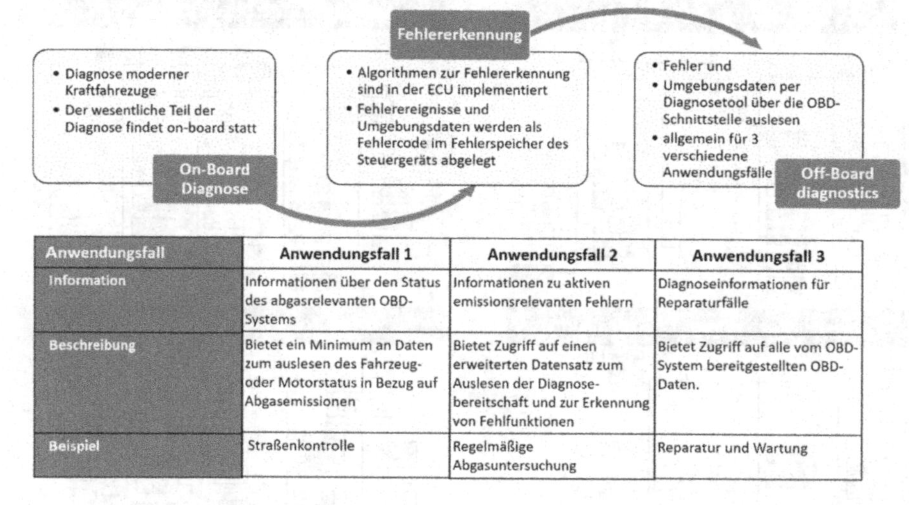

Anwendungsfall	Anwendungsfall 1	Anwendungsfall 2	Anwendungsfall 3
Information	Informationen über den Status des abgasrelevanten OBD-Systems	Informationen zu aktiven emissionsrelevanten Fehlern	Diagnoseinformationen für Reparaturfälle
Beschreibung	Bietet ein Minimum an Daten zum auslesen des Fahrzeug- oder Motorstatus in Bezug auf Abgasemissionen	Bietet Zugriff auf einen erweiterten Datensatz zum Auslesen der Diagnose-bereitschaft und zur Erkennung von Fehlfunktionen	Bietet Zugriff auf alle vom OBD-System bereitgestellten OBD-Daten.
Beispiel	Straßenkontrolle	Regelmäßige Abgasuntersuchung	Reparatur und Wartung

Abbildung 2.3: Fahrzeug-Diagnose – Stand der Technik bei Serienfahrzeugen

Aufgrund stetig steigender Anzahl an Steuergeräten in modernen Fahrzeugen sowie des Vernetzungsgrades nimmt die Komplexität moderner Fahrzeuge und damit auch deren Diagnostizierbarkeit zu. Damit steigt die Notwendigkeit die Fahrzeugdiagnose zu optimieren und effizienter zu gestalten.

Steuergeräteseitige Implementierungen von Algorithmen zur Systemüberwachung und Fehlererkennung legen ein vom Normalzustand abweichendes Ereignis in Form von Fehlercodes (DTC) zusammen mit Umgebungsdaten im Fehlerspeicher ab. Die Umgebungsdaten dienen zur Interpretation des Betriebszustandes des Fahrzeugs oder seiner Systeme, in denen der Fehler aufgetreten ist. Beim Auftreten schwerwiegender Fehler werden diese dem Fahrer durch Anzeigen in Form von Warnleuchten oder visuellen Darstellungen in Kombisystemen signalisiert. Dies dient zur Aufforderung des Fahrers eine Werkstatt aufzusuchen, um den Fehler beheben zu lassen.

Der Schwerpunkt der in modernen Kraftfahrzeugen implementierten Diagnose in Form der fahrzeugseitigen Überwachung von Systemen, Sensoren und Aktoren liegt in der Bereitstellung von Informationen, die der Wartung und Instandhaltung und damit der Erhöhung der Verfügbarkeit des Kraftfahrzeugs dienen. Der fahrzeugexterne Teil der Fahrzeugdiagnose dient der Fehleranalyse im Reparaturfall, in der Qualitätssicherung für statistische Auswertungen und bei der Fahrzeugentwicklung [7]. Der für die Wartung und Reparatur verwendete Diagnose- bzw. Werkstatt-Tester dient zur Abfrage von Fehlercodes und Umgebungsdaten. Im Bereich der gesetzlich vorgeschriebenen periodischen Fahrzeugüberwachung werden Diagnosewerkzeuge eingesetzt, um das Gesamtsystem Fahrzeug auf sicherheits- und abgasrelevante Fehler zu überprüfen. Im Allgemeinen dienen diese Werkzeuge der Visualisierung von Störungen und Fehlern, die von den Fahrzeugsystemen erkannt werden. Auch bei den ersten Realisierungen von Ferndiagnosesystemen wurde die Aufteilung der Diagnosefunktionen bisher weitgehend beibehalten.

Der Fahrzeugdiagnose sind eine Reihe weiterer Aufgaben und Funktionen zugeordnet. Dazu gehören

- die Kalibrierung zur Anpassung von steuergerätespezifischen Werten,
- I/O-Control zum Auslesen von Sensorwerten und Ansteuern von Aktoren,
- Steuerung von Routinen zur Ausführung spezieller Testroutinen und zum Auslesen der Testergebnisse,
- Variantencodierung zur Parametrierung von Ausstattungsvarianten und
- die Flashprogrammierung zum Austausch von Steuergeräte-Programmcode und -parametern.

Im Bereich der Instandhaltung, Wartung und Prüfung werden diese Funktionen selten oder gar nicht genutzt, da für ihre Nutzung spezielles Fachwissen erforderlich ist.

Trotz der heute zur Verfügung stehenden technischen Möglichkeiten findet die eigentliche Diagnose vorwiegend im Fahrzeug statt. Aufgrund der zunehmenden Komplexität der zu diagnostizierenden Systeme nehmen die in den Steuergeräten implementierten Diagnosealgorithmen einen sehr großen Teil der Steuergerätesoftware ein. Dies spiegelt sich im Speicher- und Prozessorbedarf und damit in den Kosten moderner Steuergeräte wider. Bei aktuellen Modellen sind teilweise bis zu 50 % des Quellcodes eines Steuergerätes für Diagnoseroutinen verantwortlich.

Mit der Einführung von Ethernet im Automobil wird die Off-Board-Kommunikation zwischen Diagnosewerkzeugen und Fahrzeugsystemen von Diagnose über CAN (DoCAN) auf Diagnose über IP (DoIP) umgestellt. Dies geschieht zur Erhöhung der Leistungsfähigkeit der Off-Board-Kommunikation. Durch die höhere verfügbare Bandbreite können größere Datenmengen in kürzerer Zeit zwischen dem Diagnosezugang des Fahrzeugs und den Diagnosewerkzeugen ausgetauscht werden. Höhere Anforderungen und Entwicklungen im Bereich Safety und Security machen die Off-Board-Kommunikation sicherer und schützen vor unberechtigtem Zugriff.

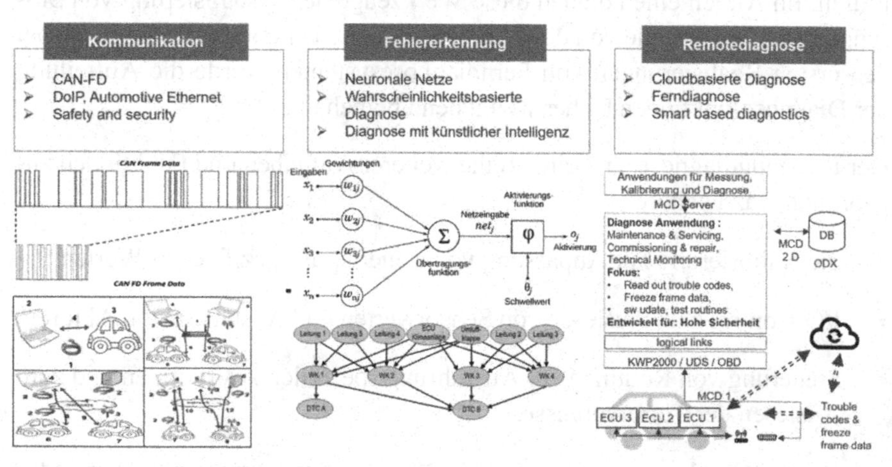

Abbildung 2.4: Aktuelle Entwicklungen in der Fahrzeug-Diagnose

Bei der Entwicklung von Diagnosefunktionen sowie der Datenkommunikation im Kraftfahrzeug lag der Fokus in den letzten Jahren vor allem auf den Bereichen Kommunikation, Fehlererkennung und Ferndiagnose (**Abbildung 2.4**). Um dem Auftreten von Fehlern vorzubeugen und im Fehlerfall schneller reagieren zu können, setzen die Automobilhersteller zunehmend auf Cloud- und Remote-Diagnose-Lösungen. Wegbereiter hierfür sind die externe Fahrzeugvernetzung und der Einzug des Internets in das Kraftfahrzeug. Durch Systeme, die im Fehlerfall einen Fernzugriff auf das Fahrzeug ermöglichen, können Automobilhersteller schneller reagieren und eine höhere Kundenzufriedenheit erreichen.

Große Defizite bestehen noch bei der Fehlererkennung. Aus den in den Steuergeräten gespeicherten Fehlercodes und Umgebungsdaten ist es oft nicht möglich, den tatsächlichen Fehler zu identifizieren, um eine Reparatur durchzuführen. Fehlerfortpflanzungen durch voneinander abhängige Systeme verteilter Funktionen erschweren weiterhin die Fehlererkennung. Die in Kapitel 2.1 dargestellten Trends in der Automobilindustrie wie z.B.

- Integration hochautomatisierter Fahrerassistenzfunktionen,
- Vernetzung mit der Umwelt oder
- Neustrukturierung der E/E-Architektur

führen zu einer höheren Komplexität des Fahrzeugs. Viele Entwicklungen zielen darauf ab, die Anzahl der Steuergeräte im Fahrzeug und den Verkabelungsaufwand durch Konsolidierung der Fahrzeugsysteme in zentralen HPC zu reduzieren und damit Kosten zu sparen. Dennoch nimmt die Anzahl der Funktionen mit dem Ziel der Autonomisierung des Kraftfahrzeugs zu, was die Komplexität und damit die Diagnostizierbarkeit des Kraftfahrzeugs im Fehlerfall nicht verringert. Hochautomatisierte Fahrerassistenzsysteme, die in die Fahrzeugführung eingreifen oder diese sogar übernehmen, benötigen nach wie vor Sensoren und Aktoren, die bei Ausfall die Funktion beeinträchtigen und zu den fehleranfälligsten Komponenten der Fahrzeugsysteme gehören. Zur Verbesserung der Fahrzeugdiagnose wurde daher in den letzten Jahren versucht, durch die Integration von neuronalen Netzen, wahrscheinlichkeitsbasierte Diagnose und Diagnoseansätzen mit künstlicher Intelligenz, intelligente, selbstlernende Diagnosesysteme und Algorithmen zu entwickeln, mit denen eindeutig auf den Defekt eines fehlerhaften Systems geschlossen werden kann.

Die stark zunehmende Komplexität der Fahrzeugsysteme erfordert eine Modernisierung der Fahrzeugdiagnose, um die Verfügbarkeit und Zuverlässigkeit des Fahrzeugs weiterhin zu gewährleisten. Dazu werden im Bereich der Normung derzeit neue Standards entwickelt. Mit dem Standard „Service Oriented Vehicle Diagnostics" strebt die Association of Automation and Measuring Systems (ASAM) eine Neustrukturierung der Fahrzeugdiagnose an. Ziel ist es, die Diagnose verteilter Systeme im Fahrzeug durch einen serviceorientierten Ansatz zu vereinfachen. Der Standard SOVD hat zum Ziel eine einheitliche selbstbeschreibende Schnittstelle für neue softwarebasierte Systeme wie HPC und traditionelle klassische Steuergeräte bereitzustellen. Die Implementierung im Fahrzeug selbst ist dabei nicht Gegenstand des Standards. Basierend auf HTTP/REST, JSON und OAuth sollen dabei Zugriffe per Verdrahtung mit dem Fahrzeug oder mittels Nahbereichskommunikation, mitfahrend im Fahrzeug und aus der Ferne möglich sein.

Die Zunahme der Anzahl sicherheitskritischer Systeme, die Einschränkung des Zugriffs auf Fahrzeugsysteme über die Fahrzeugschnittstelle (OBD) seitens der Fahrzeughersteller sowie die Teil- und Vollautonomisierung des Kraftfahrzeugs erfordern im Bereich der gesetzlichen Fahrzeugprüfung einen Standard, der die Kommunikations- und Datenanforderungen definiert und beschreibt. Für die Fahrzeugprüfung im Rahmen der periodischen technischen Untersuchung zur Feststellung der Verkehrstauglichkeit, Umweltverträglichkeit und Einhaltung gesetzlicher Vorschriften von Kraftfahrzeugen wurde hierzu ein neuer Standard zur Diagnose sicherheitsrelevanter Systeme verabschiedet. Dies erfolgt im Standard ISO 20730 Road Vehicles — Vehicle interface for electronic Periodic Technical Inspection (ePTI) [27], in der Anforderungen an

- den Zugriff auf Fahrzeugsysteme,
- Anwendungsfälle und
- verfügbare Daten und Dienste

definiert werden, die für die periodische Untersuchung erforderlich sind.

2.3 Implementierte Off-Board-Diagnose

Für die Diagnose von Kraftfahrzeugen steht heute eine Vielzahl von Diagnosewerkzeugen zur Verfügung, die unterschiedlichste Aufgaben erfüllen. Einsatz finden diese bei der Entwicklung, in der Produktion, im Aftersales-Bereich bei der Instandhaltung, Wartung und Qualitätssicherung oder der bei der gesetzlich festgelegten periodisch technischen Überprüfung von Kraftfahrzeugen (HU/AU). Grundsätzlich wird zwischen herstellerspezifischen und herstellerunabhängigen Prüfsystemen unterschieden. Zu den herstellerspezifischen Systemen zählen Werkstatttester mit den in Kapitel 2.2 beschriebenen Grundfunktionalitäten. Diese Systeme decken in der Regel nur Fahrzeugflotten des jeweiligen Herstellers oder Konzerns ab.

Zu den herstellerunabhängigen Systemen zählen frei verfügbare Scan-Tools mit reiner OBD- Funktionalität nach ISO 15031 [28] bzw. SAE J1979 [29], Diagnose-Tools für freie Werkstätten, die in der Regel mehrere Fahrzeugmarken abdecken, oder preiswerte OBD-Adapter, die das Auslesen von Fehlercodes und einigen wenigen weiteren Fahrzeuginformationen wie Messwerte mittels zugehöriger Smartphone App ermöglichen.

Moderne Serienfahrzeuge im Feld besitzen bereits eine E/E-Architektur mit zentralem Gateway oder eine Domain-Controller-Architektur, bei der die Steuergeräte über CAN-Bus, FlexRay oder MOST mit dem zentralen Gateway oder den Domain-Controller miteinander vernetzt sind.

Der externe Zugriff für die Fahrzeugdiagnose erfolgt in der Regel über den im Fahrzeug integrierten OBD-Anschluss mittels CAN-Bus oder Ethernet über das zentrale Gateway (**Abbildung 2.5**).

Für die Kommunikation zwischen Diagnosewerkzeug und Fahrzeugsteuergeräten existiert im europäischen und amerikanischen Raum ein umfangreiches Normenwerk (siehe auch Kapitel 3.1), das aufgrund der historischen Entwicklung der E/E-Architektur im Kraftfahrzeug einen nahezu unüberschaubaren Umfang angenommen hat. Das neueste in Serienfahrzeugen implementierte Diagnoseprotokoll für die herstellerspezifische Fahrzeugdiagnose ist das UDS-Protokoll (Unified Diagnostic Services) nach ISO 14229 [30].

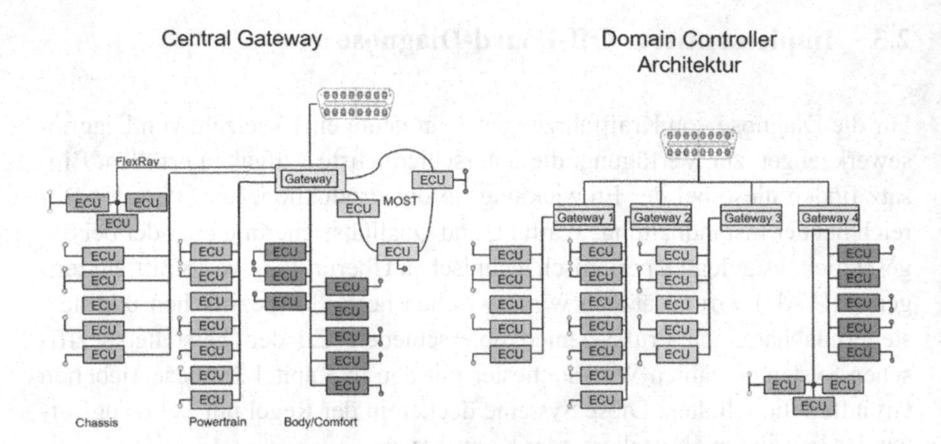

Abbildung 2.5: Implementierte E/E-Architekturen von Serienfahrzeugen im Feld mit OBD-Zugang für Diagnosewerkzeuge

Zur Analyse der Diagnosekommunikation in Bezug auf

- angewendetes Diagnose- und Transportprotokolle,
- Reifegrad und Vollständigkeit sowie
- Ablauf und Effizienz

bei der Verwendung der Fahrzeug-Diagnose zur Erfassung von Fahrzeugsignalen, wurde an modernen Serienfahrzeugen mit unterschiedlichen Diagnose-Werkzeugen die Diagnose-Kommunikation aufgezeichnet und analysiert.

Abbildung 2.6 zeigt exemplarisch die Diagnose-Kommunikation zur Abfrage von Fahrzeug-Signalen zwischen einem modernen Serienfahrzeug und einem Diagnose-Werkzeug. Dabei erfolgt zunächst der Kommunikationsaufbau über einen Protokoll-Scan zur Ermittlung des im Fahrzeug implementierten Diagnoseprotokolls. Anschließend wird eine Steuergeräte-Verbau-Liste erstellt, indem versucht wird, mit allen im Diagnosewerkzeug hinterlegten Steuergeräten Kontakt aufzunehmen.

Bei der Verwendung des UDS-Protokolls in Kombination mit dem ISO-TP Transportprotokoll auf dem CAN-Bus wird zunächst über den UDS-Dienst DiagnosticSessionControl von der Standard-Diagnosesitzung (Default Session) in die erweiterte Diagnosesitzung (Extended Session) gewechselt. Wird dieser Sitzungswechsel vom adressierten Steuergerät positiv quittiert, erfolgt die Abfrage von Steuergeräteinformationen, wie Steuergerätekennung und Steuergeräte-ID, mittels UDS-Dienst ReadDataByIdentifier und von gespeicherten Fehlercodes über den UDS-Dienst ReadDTCInformation.

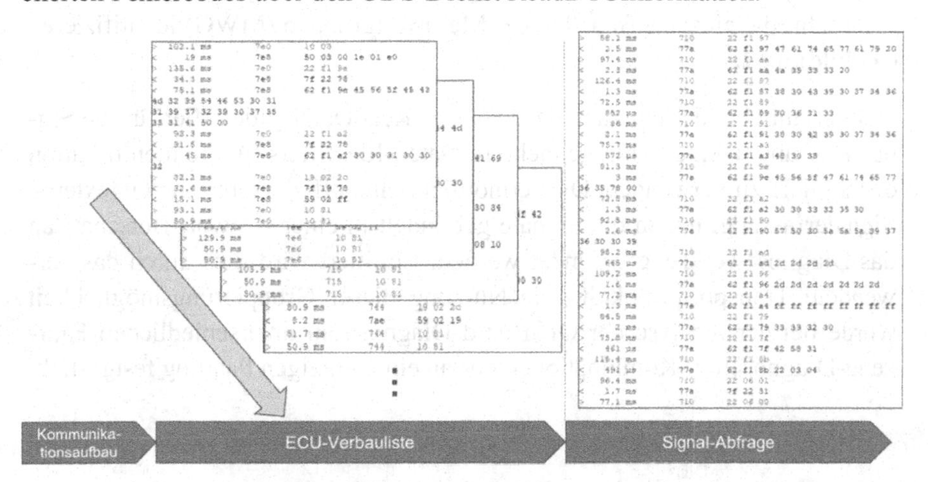

Abbildung 2.6: Kommunikation zwischen Diagnose-Tester und Fahrzeug zur Abfrage von Signalen

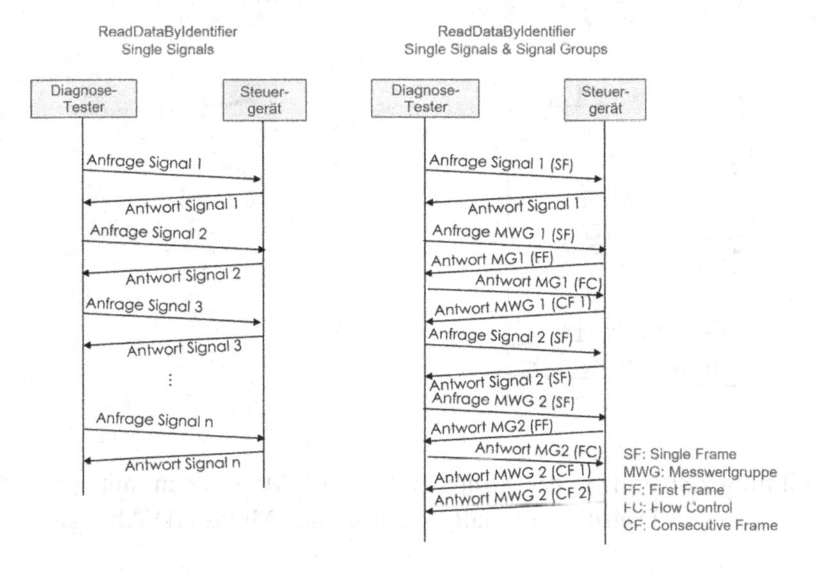

Abbildung 2.7: Darstellung der implementierten Diagnose-Kommunikation zur Signalerfassung mittels UDS Dienst ReadDataByIdentifier

Nach der Erzeugung der Steuergeräte-Verbau-Liste kann das gewünschte Steuergerät ausgewählt werden, von dem die Signale erfasst werden sollen. In den meisten Fällen werden dabei Fahrzeug-Signale mittels Daten-Identifiers ausgetauscht, die einzelne Signale oder Messwertgruppen (MWG) identifizieren (**Abbildung 2.7**).

UDS erlaubt bei der Nutzung des Dienstes ReadDataByIdentifier für die Signalerfassung in einer Anfrage mehrere Daten-Identifiers für die Identifikation der Signale zu verwenden. Dies ermöglicht eine effizientere fahrzeugexterne Signalerfassung, indem die Signale gebündelt in einer Antwort-Botschaft an das Diagnosewerkzeug gesendet werden. Limitiert wird dies durch das verwendete Transportprotokoll. Die Nutzung dieser Gruppierungsmöglichkeit wurde bei der Analyse der Off-Board-Diagnose an unterschiedlichen Fahrzeug-Diagnosetool-Kombinationen nur an einer einzigen Paarung festgestellt.

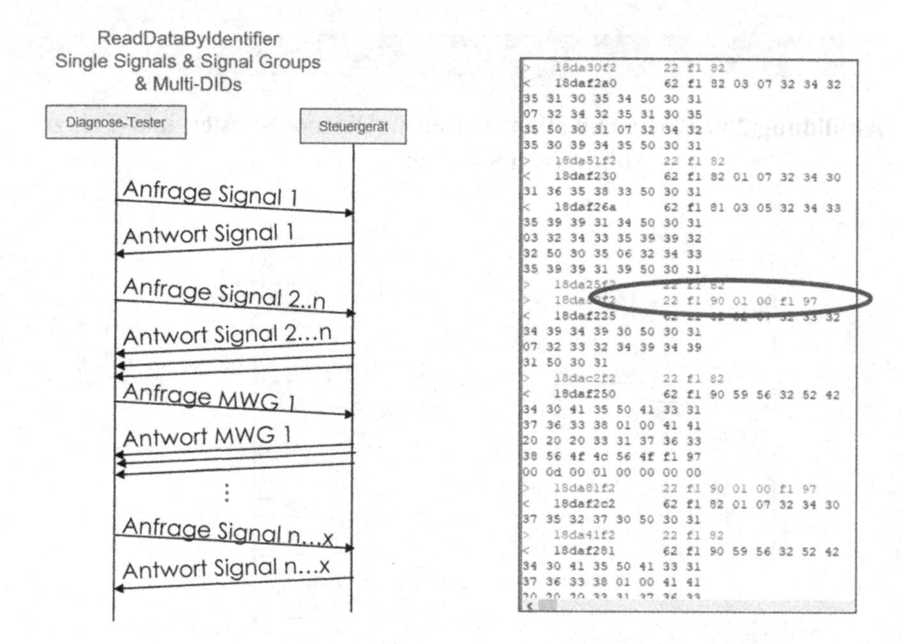

Abbildung 2.8: Prinzip der Gruppierung von Messwerten mittels UDS-Dienst ReadDataByIdentifier und Multi-DID-Abfrage

Die Analyse des Kommunikationsverhaltens zeigt, dass selbst bei hochmodernen Serienfahrzeugen nur Basisfunktionalitäten zur fahrzeugexternen Erfassung von Signalen der Fahrzeugsysteme genutzt werden, was die Signalerfassung ineffizient macht. Zwar fassen einige Steuergerätehersteller inhaltlich ähnliche Informationen zu Messwertgruppen zusammen, die über einen Parameter vom Steuergerät angefordert werden können (**Abbildung 2.8**), in den meisten Fällen ist jedoch ein Daten-Identifier einem Messwert zugeordnet, die Alle einzeln von den Steuergeräten abgefragt werden müssen. Darüber hinaus entsteht ein großer Overhead, wenn die relevanten Signale nur über Messwertgruppen abgefragt werden können, in denen alle anderen Signale für die Analyse und Auswertung irrelevant sind. Dies macht die Erfassung von Fahrzeugsignalen für die fahrzeugseitige Auswertung und Analyse ineffizient, da ein zu hoher Kommunikationsaufwand entsteht und die Erfassung aller relevanten Signale zu lange dauert.

Eine begleitende Analyse zur Ermittlung der verwendeten und implementierten Diagnoseprotokolle in modernen Serienfahrzeugen bestätigt das UDS-Protokoll in Kombination mit dem ISO-TP-Transportprotokoll als das mittlerweile am häufigsten verwendete Protokoll für die Diagnose von Kraftfahrzeugen. Demnach wird in 8% der untersuchten Fahrzeuge noch KWP2000 für die Fahrzeugdiagnose verwendet. 1,6% der Fahrzeuge weisen Mischformen auf, bei denen einige Steuergeräte noch KWP2000 und andere UDS für die Off-Board-Kommunikation verwenden. (Siehe Anhang A1)

3 Grundlagen

3.1 Standards und Regelwerke zur Fahrzeug-Diagnose

Mit der zunehmenden Luftverschmutzung durch den Kraftfahrzeugverkehr in den Ballungsräumen Los Angeles und San Francisco begann die Einführung von Standards für die Fahrzeugdiagnose. Aus diesem Grund führten die zuständigen Behörden CARB und EPA 1987 im US-Bundesstaat Kalifornien verschärfte Emissionsgrenzwerte für Fahrzeuge mit Verbrennungsmotoren ein, um die Luftverschmutzung durch den Fahrzeugverkehr zu reduzieren. In Zusammenhang damit wurde 1989 die erste relevante Norm ISO 9141 erstellt. Das damit genormte System diente der Selbstüberwachung aller abgasrelevanten Komponenten durch Überprüfung der elektrischen Signale. Zusätzlich sollten Fehlfunktionen durch Blinkcodes der MIL (Malfunction Indicator Lamp) angezeigt werden.

Aufgrund steigender Anforderungen und neuer technischer Möglichkeiten entwickelte CARB 1994 OBD II, das in Kalifornien eingeführt und in der SAE J1979 standardisiert wurde. OBD II diente unter anderem dazu, die gesetzlichen Anforderungen zur Einhaltung der Abgasgrenzwerte bei Neufahrzeugen zu erfüllen. So muss seit Einführung der OBD-Gesetzgebung jedes Kraftfahrzeug über ein On-Board-Diagnosesystem verfügen. Dieses hat unter anderem die Aufgabe, dem Fahrer eine Fehlfunktion des abgasbeeinflussenden Systems anzuzeigen. Mit der Einführung von OBD II wurde erstmals auch eine einheitliche Diagnoseschnittstelle zwischen Fahrzeug und Testgerät gefordert (OBD-2-Schnittstelle). Alle Fehler an abgasrelevanten Bauteilen müssen mit den zugehörigen Umgebungsdaten gespeichert und über die geforderte Schnittstelle von einem externen Testgerät ausgelesen werden können. Die Normen zur Überwachung der Einhaltung der Abgasgrenzwerte im Rahmen der periodischen technischen Überwachung sind für Europa die ISO 15031 und für die USA die SAE J1979. Beide Normen sind inhaltlich nahezu identisch.

Mit dem Standard ISO 27145 [31] wurde für den Bereich der gesetzlichen periodischen Fahrzeugüberwachung ein Standard verabschiedet, der die Fahrzeugdiagnose weltweit vereinheitlichen soll. Als Basis für diese Norm dienen

A. Heinz, *Nutzung der Fahrzeug-Schnittstelle zur Datenerfassung im dynamischen Fahrzeug-Betrieb*, Wissenschaftliche Reihe Fahrzeugtechnik Universität Stuttgart,
https://doi.org/10.1007/978-3-658-44166-1_3

die Unified Diagnostic Services nach ISO 14229 in Verbindung mit den Transportprotokollen nach ISO 15765.

Sowohl im europäischen als auch im amerikanischen Raum gibt es eine Vielzahl von Normen und Regelwerken zur Fahrzeugdiagnose, deren Anzahl auf die historische Entwicklung der On-Board-Diagnose zurückzuführen ist. Eine übersichtliche Darstellung der Normen ermöglicht das 7-Schichten-Modell nach ISO 1978 [38]. Das ISO/OSI-Schichtenmodell definiert als Referenzmodell die Kommunikation zwischen Teilnehmern über verschiedenste technische Systeme in sieben Schichten. Jeder dieser Schichten sind bestimmte Aufgaben zugeordnet, beginnend mit Schicht eins für die Bitübertragung bis hin zu Schicht sieben für die Bereitstellung von Funktionen für die Anwendung. An jede Schicht werden Anforderungen gestellt, die dort umgesetzt werden müssen. Dabei stellt jede Schicht Dienste zur Verfügung, die eine direkt darüber liegende Schicht nutzen kann.

Eine grundsätzliche Einteilung der Normen für die Fahrzeugdiagnose kann nach dem Verwendungszweck und der Fahrzeugart erfolgen. Hierbei wird zwischen Pkw und leichten Nutzfahrzeugen bzw. mittelschweren und schweren Nutzfahrzeugen unterschieden. Eine weitere Unterteilung erfolgt zwischen gesetzlich geregelter und herstellerspezifischer Diagnose.

OSI Schicht	CARB	KWP2000	KWP2000					UDSonCAN	UDSonFR	UDSonIP	UDSonK-Line	UDSonLIN	WWH OBD Legislated
7 Anwendung	ISO 15031-5	ISO 14230-4	ISO 15031-5 (SAE J1979)	ISO 15765-3	ISO 15031-5 SAE J1979	ISO 15031-5 SAE J1979	SAE J1939-71/73 SAE J1939-81	ISO 14229-1; ISO 14229-3	ISO 14229-1; ISO 14229-4	ISO 14229-1; ISO 14229-5	ISO 14229-1; ISO 14229-6	ISO 14229-1; ISO 14229-7	ISO 27145-3; ISO 14229-1
6 Präsentation								veh. manuf. specific					ISO 27145-2; SAE J1930-DA, SAE J1939 Companion Spreadsheet (SPNs), SAE J1939-73:2010, Appendix A (FMIs), SAE J1979-DA, SAE J2012-DA
5 Session					ISO 15765-4			ISO 14229-2					ISO 14229-2
4 Transport								ISO 15765-2	ISO 10681-2	ISO 13400-2		ISO 17987-2	ISO 27145-4; ISO 15765-2 DoCAN, ISO 15765-4 DoCAN, ; ISO 13400-2 DoIP TCP and IP
3 Network				ISO 15765-2	ISO 15765-2, ISO 15765-4		SAE J1939-31	ISO 15765-2	ISO 10681-2	ISO 13400-2		ISO 17987-2	ISO 27145-4; ISO 15765-2 DoCAN, ISO 15765-4 DoCAN, ; ISO 13400-2 DoIP TCP and IP
2 Data Link	ISO 9141-2	ISO 14230-2	ISO 14230-2	ISO 11898-1	ISO 11898, ISO 15765-4	SAE J1850	SAE J1939-21 (ISO 11898-1)	ISO 11898-1	ISO 17458-2	ISO 13400-3 IEEE 802.3	ISO 14230-2	ISO 17987-3	ISO 27145-4; ISO 11898-1 CAN DLL, ISO 11898-2 CAN HS, ISO 15765-4 DoCAN; ISO 13400-3 DoIP, IEEE 802.3
1 Physical	ISO 9141-2	ISO 14230-1	ISO 14230-1	ISO11898-2/3	ISO 11898, ISO 15765-4	SAE J1850	SAE J1939-11/15	ISO11898-2	ISO 17458-4	ISO 13400-3 IEEE 802.3	ISO 14230-1	ISO 17987-4	ISO 27145-4; ISO 11898-1 CAN DLL, ISO 11898-2 CAN HS, ISO 15765-4 DoCAN; ISO 13400-3 DoIP, IEEE 802.3
	1988	1990			2000					2010			2020

Abbildung 3.1: Übersicht Fahrzeug-Diagnose-Standards in OSI-Schichten Darstellung (siehe auch Anhang A2)

3.1.1 Relevante Standards und Regelwerke

Wie in Kapitel 2.3 dargestellt hat die im Rahmen des Forschungsvorhabens durchgeführte Analyse zur Ermittlung der in modernen Serienfahrzeugen verwendeten und implementierten Diagnoseprotokolle zur Bestätigung des UDS-Protokolls in Kombination mit dem ISO-TP-Transportprotokoll als die am häufigsten verwendeten Protokolle für die Off-Board-Kommunikation von Diagnosedaten aus dem Fahrzeug geführt. Im Folgenden werden diese beiden Protokolle für die Off-Board-Kommunikation zwischen Diagnosetool und Fahrzeugsystemen kurz vorgestellt, da sie die Grundlage für das Forschungsprojekt bilden.

3.1.1.1 Diagnose-Protokoll ISO 14229 –Unified Diagnostic Services

Der modernste Standard für die Fahrzeugdiagnose ist der Standard ISO 14229, auch UDS genannt. Die Norm ISO 14229 ist ein standardisiertes Diagnoseprotokoll im Bereich der Fahrzeugelektronik, das aus der Norm ISO 15765-3 für die Diagnosekommunikation über das Controller Area Network hervorgegangen ist und diese abgelöst hat. Das Diagnoseprotokoll ist als Nachfolger des Keyword Protocol 2000 nach ISO 14230 [32] zu sehen. Es handelt sich um ein serviceorientiertes Kommunikationsprotokoll für die Diagnosekommunikation zwischen Diagnosetool und Fahrzeugsteuergeräten, in dem sechs Funktionsgruppen mit insgesamt 26 Diensten spezifiziert sind (Tabelle 3.1).

Die Nutzung des UDS-Protokolls durch ein Diagnosewerkzeug erfordert die Bereitstellung der UDS-Dienste durch die Steuergeräte, damit ein Zugriff auf die Dienste über das UDS-Protokoll möglich ist.

Die Kommunikation zwischen Client (Diagnosetool) und Server (Fahrzeugsteuergerät) mittels UDS-Protokoll kann über CAN [33], FlexRay [34], Ethernet, K-Line [35] oder LIN [36] über den OBD-Zugang des Fahrzeugs erfolgen, wofür eigene Normteile mit entsprechender Spezifikation existieren (**Abbildung 3.2**).

Tabelle 3.1: UDS-Funktionsgruppen und Dienste nach ISO 14229

Funktionsgruppe	Dienst	Service Identi-fier
Diagnostic and Com-munications Manage-ment	Diagnostic Session Control	$10
	ECU Reset	$11
	Security Access	$27
	Communication Control	$28
	Tester Present	$3E
	Access Timing Parameter	$83
	Secured Data Transmission	$84
	Control DTC Settings	$85
	Response On Event	$86
	Link Control	$87
Data Transmission	Read Data By Identifier	$22
	Read Memory By Address	$23
	Read Scaling Data By Identifier	$24
	Read Data By Periodic Identifier	$2A
	Dynamically Defined Data-Identifier	$2C
	Write Data By Identifier	$2E
	Write Memory By Address	$3D
Stored Data Transmission	Clear Diagnostic Information	$14
	Read DTC Information	$19
Input/Output Con-trol	Input Output Control By Identifier	$2F
Remote Activa-tion of Routine	Routine Control	$31
Upload/ Download	Request Download	$34
	Request Upload	$35
	Transfer Data	$36
	Request Transfer Exit	$37
	Request File Transfer	$38

Das UDS-Protokoll definiert Dienste der Anwendungsschicht des OSI-Schichtenmodells als „Application Layer Services“[1]. Als Beschreibungsformat für die Kommunikationsschnittstelle zwischen Client und Server und damit für die Nachrichten des UDS-Protokolls werden Service Primitives verwendet. Diese integrieren Servicedateneinheiten in Form einer Liste zur Definition der erforderlichen Werte eines Dienstes. Als Beschreibungsformat zur Festlegung der Nachrichtenstruktur eines Protokolls, sowie zur Konkretisierung und Definition des Aufbaus und der obligatorischen und optionalen Parameter, werden Protokolldateneinheiten für die Anwendungsschicht (Application Layer Protocol Data Unit, A_PDU) verwendet.

OSI Schicht	UDSonCAN		UDSonFR	UDSonIP	UDSon K-Line	UDSonLIN
7 Anwendung	ISO 15765-3	ISO 14229-1				
		ISO 14229-3	ISO 14229-4	ISO 14229-5	ISO 14229-6	ISO 14229-7
6 Präsentation		veh. manuf. specific				
5 Session		ISO 14229-2				
4 Transport Protocol		ISO 15765-2	ISO 10681-2	ISO 13400-2		ISO 17987-2
3 Network Layer	ISO 15765-2					
2 Data Link	ISO 11898-1	ISO 11898-1	ISO 17458-2	ISO 13400-3 IEEE 802.3	ISO 14230-2	ISO 17987-3
1 Physikalische Schicht	ISO11898-2/3	ISO11898-2	ISO 17458-4		ISO 14230-1 (based on ISO 9141-2)	ISO 17987-4

Abbildung 3.2: UDS-Normen im OSI-Schichten Modell

Die Kommunikation über das UDS-Protokoll erfolgt nach dem Request-Response-Prinzip, bei dem der Client eine Anfrage an den Server sendet. Diese muss nach Beendigung des Dienstes mit einer positiven oder negativen Nachricht beantwortet werden. Wenn die Ausführung des Dienstes länger dauert, muss die Anfrage zyklisch mit einer vorläufigen Antwort quittiert werden, um zu signalisieren, dass die Anfrage noch andauert. Die Länge der Nachricht ist durch das UDS-Protokoll nicht begrenzt. Eine Begrenzung erfolgt durch das

[1] Dienste der Anwendungsschicht (Application Layer Services) werden in Client-Server-basierten Systemen verwendet, um Test-, Inspektions-, Überwachungs- oder Diagnosefunktionen in eingebetteten Fahrzeugservern auszuführen. Die Beschreibung der Dienste erfolgt durch Dienstelemente (Service Primitives) in Form von abstrakten, implementierungsunabhängigen Operationen.

verwendete Transportprotokoll wie ISO-TP nach ISO 15765-2 [37] , das eine maximale Nachrichtenlänge von 4095 Bytes auf dem CAN-Bus zulässt.

Trotz neuer Konzepte für die E/E-Architektur moderner Fahrzeuge, der Einführung von HPC und Fahrzeugservern, der Integration von Automotive Ethernet als Backbone und dem Übergang von DoCAN zu DoIP, wie in Kapitel 2 dargestellt, wird auch in naher Zukunft ein Großteil der Fahrzeugsysteme zumindest innerhalb ihrer Domäne über den CAN-Bus vernetzt sein. Der Grund hierfür liegt darin, dass die Fahrzeughersteller getestete und etablierte Systeme über Fahrzeuggenerationen hinweg nur dann austauschen, wenn dies zwingend erforderlich ist. Dies reduziert Entwicklungszeiten und Kosten. Im Rahmen der gesetzlich vorgeschriebenen Fahrzeugdiagnose müssen nach dem ePTI-Standard alle Einzelsysteme weiterhin über eine Off-Board-Diagnose erreichbar sein, was für viele Systeme weiterhin eine Diagnose über den CAN-Bus mittels Unified Diagnostic Services voraussetzt. Dies gilt auch, wenn der Diagnosezugriff über Ethernet mit dem UDS-Protokoll über DoIP nach ISO 13400 [38] oder sogar drahtlos über den neuen Standard SOVD erfolgt.

3.1.1.2 Transport-Protokoll ISO 15765 (ISO-TP)

Der Standard ISO 15765 Road Vehicles Diagnostic Communication over Controller Area Network (DoCAN) [37] ist ein internationaler Standard, der die nach dem OSI-Modell definierte Transport- und Netzwerkschicht über fahrzeugspezifische Bussysteme wie CAN-Bus, aber auch FlexRay, MOST und LIN abdeckt. Die Norm besteht aus den fünf Teilen

- Teil 1: Allgemeine Informationen und Definition von Anwendungsfällen (2011) [39]
- Teil 2: Dienste für die Transport- und Netzwerkschicht (2016, 2023 ISO/DIS) [40]
- Teil 3: Implementierung von Unified Diagnostic Services (UDS on CAN) (2004) überarbeitet durch ISO 14229-3:2012 [41]
- Teil 4: Anforderungen an emissionsrelevante Systeme (2021) [42]
- Teil 5 Spezifikation für ein an den Diagnosestecker angeschlossenes Bordnetz (2021, 2023 ISO/DIS) [43]

und spezifiziert Anwendungsfälle, Transportprotokoll und Netzwerkdienste für CAN-basierte Netzwerke gemäß ISO 11898 sowie Anforderungen für emissionsrelevante Systeme. Sie ist für Anwendungen in den Bereichen

- erweiterte Fahrzeugdiagnose für nicht abgasrelevante Systeme und erweiterte Fahrzeugdiagnose für abgasrelevante Systeme über die gesetzlichen Anforderungen hinaus,
- abgasrelevante On-Board-Diagnose (OBD) nach ISO 15031 und
- weltweit harmonisierte On-Board-Diagnose (WWH-OBD) nach ISO 27145

entwickelt. Anwendung findet dieser Standard vor allem in Verbindung mit dem UDS-Protokoll, aber auch mit dessen Vorgänger KWP2000 und im Bereich der Diagnose abgasrelevanter Systeme bei der periodischen Fahrzeugüberwachung.

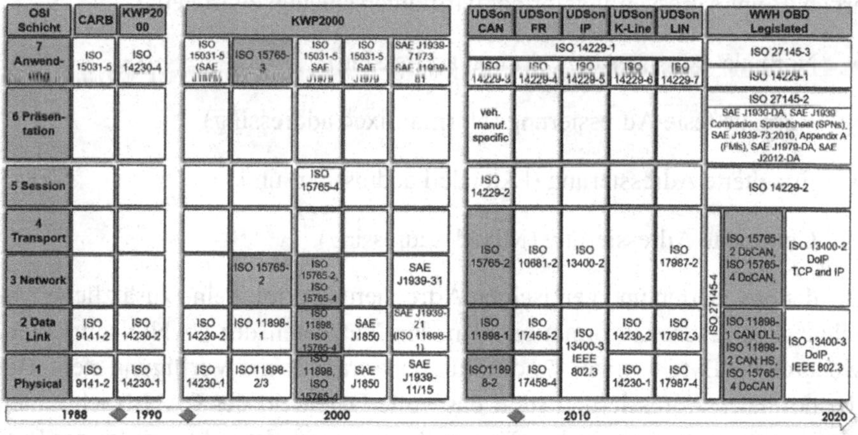

Abbildung 3.3: Einordnung der ISO 15765 - ISO-TP in die Übersicht der Normen zur Fahrzeugdiagnose

Um die Funktionsweise der Netzwerkschicht zu beschreiben, berücksichtigt die Norm Dienste, die für eine höhere Schicht bereitgestellt werden müssen. Dabei wird zwischen den zwei Arten von Diensten

- Dienste für die Kommunikation und

- Dienste für das Setzen von Protokoll-Parametern

unterschieden. Für deren Beschreibung werden, wie bei UDS, Service Primitives, Service Data Units und Protocol Data Units verwendet.

Das Protokoll erlaubt den Transport von bis zu 4095 Bytes Nutzdaten mittels CAN-Frames, in denen maximal 8 Bytes Nutzdaten übertragen werden können. Hierzu erfolgt eine Segmentierung längerer Nachrichten, so dass diese zusammen mit den Protokollkontrollinformationen (Protocol Control Information, PCI) mittels CAN-Frames an den Empfänger gesendet werden können. Die PCI ermöglichen die Interpretation der einzelnen CAN-Frames und das Zusammenfügen der Einzelnachrichten zu einer Gesamtnachricht.

Darüber hinaus definiert ISO-TP Timing-Parameter der Netzwerkschicht, die Nutzung der Dienste der unteren Datenverbindungsschicht sowie Adressierungsarten und -formate. Das Mapping der Adress- und Protokollinformationen sowie der Nachrichtendaten in die CAN-Frames hängt von der Adressierungsart ab. Beim Adressierungsformat wird unterschieden zwischen

- Normale Adressierung (Normal addressing)
- Normale feste Adressierung (Normal fixed addressing)
- Erweiterte Adressierung (Extended addressing) und
- Gemischte Adressierung (Mixed addressing).

Bei der erweiterten und gemischten Adressierung erfolgt eine zusätzliche Abbildung von Adressinformationen in den Nutzdaten der CAN-Nachrichten, wodurch ein Byte weniger für die Datenübertragung zur Verfügung steht. Bei der normalen Adressierung steht das volle Datenfeld der CAN-Nachrichten für den Datentransport zur Verfügung, das nur durch die 1-3 Bytes langen Protokollkontrollinformationen eingeschränkt wird. Abhängig vom Nachrichtentyp können 5-7 Bytes des Datenfeldes der CAN-Nachrichten für den Datentransport verwendet werden. Die folgende Abbildung zeigt beispielhaft das Mapping der ISO-TP-Nachrichten für die normale und die erweiterte Adressierung.

Normal addressing						
	11 / 29 bit CAN Identifier	CAN frame data field				
		Daten Byte #1	Daten Byte #2	Daten Byte #3	...	Daten Byte #8
single-frame	N_AI	N_PCI: type = 0, 0 0 0 0, SF_DL (0x0...0x7)	N_Data: Data A	Data B	...	Data G
first-frame	N_AI	N_PCI: type = 1, 0 0 0 1	FF_DL 0x007...0xFFF (7...4095)	N_Data: Data A	...	Data F
consecutive-frame	N_AI	N_PCI: type = 2, 0 0 1 0, SN 0x0 - 0xF (0-15)	N_Data: Data A	Data B	...	Data G
Flow-Control-frame	N_AI	N_PCI: type = 3, 0 0 1 1, FS	BS	STmin	N/A	N/A

Abbildung 3.4: Struktur der ISO-TP-Nachrichten bei Verwendung der normalen Adressierung

extended Adressing						
single-frame	N_AI, except N_TA	N_TA	N_PCI: type = 0, 0 0 0 0, SF_DL (0x0...0x7)	N_Data: Data A	Data B	...
first-frame	N_AI, except N_TA	N_TA	N_PCI: type = 1, 0 0 0 1	FF_DL 0x007...0xFFF (7...4095)	N_Data: Data A	...
consecutive-frame	N_AI, except N_TA	N_TA	N_PCI: type = 2, 0 0 1 0, SN 0x0 - 0xF (0-15)	N_Data: Data A	Data B	...
Flow-Control-frame	N_AI, except N_TA	N_TA	N_PCI: type = 3, 0 0 1 1, FS	BS	STmin	N/A

Abbildung 3.5: Struktur der ISO-TP-Nachrichten bei Verwendung der erweiterten Adressierung

3.2 Off-board-gestützte Signal-Erfassung

Die von den Fahrzeugsteuergeräten erfassten und digitalisierten Signale werden von der Steuergerätesoftware weiterverarbeitet, um beispielsweise eine Regelung eines Systems zu realisieren. Werden die erfassten Signale von anderen Steuergeräten benötigt, wie es bei verteilten Systemen im Automobil häufig der Fall ist, werden die Signale an die entsprechenden Systeme weitergeleitet.

Das bedeutet, dass Signale von Sensoren oder Stellgrößen für Aktoren innerhalb des Fahrzeugs in unterschiedlichen Formen vorliegen. Außerhalb der Steuergeräte existieren sie als physikalische Analoggrößen, innerhalb der Steuergeräte in zeit- und wertediskreter Form als Softwaregrößen und auf den Fahrzeugnetzwerken zwischen den Steuergeräten der verteilten Systeme.

Mithilfe von Off-Board-Werkzeugen können diese Größen außerhalb des Fahrzeugs erfasst und weiterverarbeitet werden.

Eine systemlieferantenunabhängige Off-Board-Erfassung von Signalen aus Fahrzeugsystemen setzt voraus, dass die von den Steuergeräten digitalisierten Signale in Echtzeit abgerufen werden können. Dies kann prinzipiell auf drei verschiedene Arten erfolgen:

- „Lesend“ von Fahrzeugnetzwerken zur Erfassung der zwischen den Steuergeräten ausgetauschten Signale. Hier spricht man in der Regel von „Data Logging“. Entsprechende Werkzeuge hierfür werden als „Datenlogger“ bezeichnet.
- „Abfragend“ mittels Diagnoseprotokoll, mit dem Werte direkt von Steuergeräten abgefragt werden können.
- „Abfragend“ mittels Mess- und Kalibrierprotokolle, mit denen Werte direkt von Steuergeräten abgefragt werden können - ähnlich der Verwendung von Protokollen für die Fahrzeugdiagnose. Dabei wird aus Performancegründen mithilfe des steuergeräteseitig implementierten Protokolls unter Angabe der Speicheradresse direkt auf den Speicher des Steuergerätes selbst zugegriffen.

Nachfolgend werden die Methoden zur fahrzeugexternen Erfassung von Signalen mit ihren Vor- und Nachteilen erläutert.

3.2.1 Datenerfassung mittels Daten-Logger

Der Austausch von Mess-, Regel- und Steuerdaten zwischen Steuergeräten untereinander oder zwischen Sensorclustern und Steuergeräten erfolgt über Fahrzeugnetzwerke wie CAN, LIN, MOST oder FlexRay. Dabei werden einzelne Signale oder Signalpakete in Nachrichten mit festen Identifikationsnummern (ID) zur Bestimmung des Nachrichteninhalts an Teilnehmer gesendet (signalbasierte Kommunikation). Dies geschieht in CAN-Netzwerken in der Regel periodisch oder ereignisgesteuert.

Zur Dekodierung der Daten werden Informationen über den Nachrichteninhalt und die Datenrepräsentation benötigt, die mittels standardisierter Beschreibungsdateien bereitgestellt werden. Als Beschreibungsdateien stehen netzwerkspezifische Formate zur Verfügung wie CAN-DB für CAN, LDF für LIN oder das multiprotokollfähige Format FIBEX, das FlexRay, Ethernet, CAN, MOST und LIN unterstützt. Diese Beschreibungsdateien werden während der

Fahrzeugentwicklung für den Entwurf und Test der Kommunikation zwischen den Systemkomponenten erzeugt und dienen zur Speicherung und Verwaltung aller kommunikationsrelevanten Daten der Fahrzeugnetzwerke. Die dabei entstehenden Kommunikationsmatrizen beschreiben, welche Informationen in einem Fahrzeugnetzwerk zwischen den Netzwerkknoten ausgetauscht werden.

Die Kommunikationsmatrizen enthalten insbesondere Informationen darüber,

- welche Knoten welche Nachrichten unter welchen Bedingungen (zyklisch oder ereignisgesteuert) senden,
- welche Signale in den Nachrichten enthalten sind und wie diese von der hexadezimalen in die physikalische Darstellung umgewandelt werden können, wozu Bitposition, Bitanzahl, physikalische Einheit und Umrechnungsformeln benötigt werden und
- welche Priorität die Nachrichten haben.

Die Speicherung der Informationen einer Kommunikationsmatrix erfolgt für CAN-Netzwerke im CANdb-Format (DBC-Dateien), einem eingetragenen Warenzeichen von der Vektor Informatik GmbH, das ein CAN-Netzwerk vollständig beschreibt. Das Beschreibungsformat kann in Werkzeugen zur Analyse und zum Test von CAN-Netzwerken für Messaufgaben oder zur Emulation nicht im Netzwerk vorhandener Steuergeräte (Restbussimulation) verwendet werden.

Für die Off-Board-Signalerfassung der zwischen den Fahrzeugsystemen ausgetauschten Signale können sogenannte Datenlogger in Form von Analyse- und Testwerkzeugen als PC-Anwendung eingesetzt werden. Diese werden über eine Fahrzeug-Kommunikations-Schnittstelle (VCI) an den CAN-Bus des Fahrzeugs angeschlossen. Die Datenaufzeichnung kann auch mit Stand-Alone-Tools erfolgen, die direkt an den CAN-Bus angeschlossen werden und das Kommunikationsgeschehen autark aufzeichnen. Die vom CAN-Bus empfangenen Rohdaten werden in Trace-Dateien im ASCII-Format gespeichert und können mithilfe der Informationen aus der DBC-Datei auch direkt in physikalische Größen umgerechnet werden.

Beim Einsatz von Datenloggern zur Signalaufzeichnung erfolgt kein aktiver Eingriff in die Netzkommunikation, da nur „mithörend/lesend“ auf das Netzmedium zugegriffen wird. Somit wird keine zusätzliche Kommunikationslast im Netzwerk erzeugt.

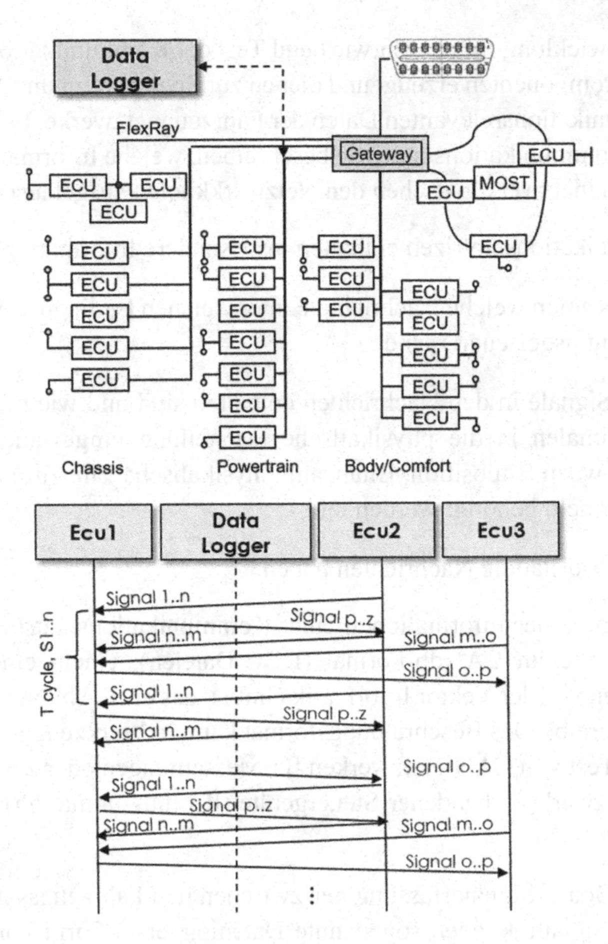

Abbildung 3.6: Konzept der Signalerfassung/-aufzeichnung mittels Data Logging

Zu den Nachteilen gehören:

- Aufgrund moderner E/E-Architekturen wie der Domain-Controller-Architektur wird die fahrzeuginterne Kommunikation in der Regel nicht über das zentrale Gateway an den Diagnosezugang des Fahrzeugs weitergeleitet. Eine separate Anbindung an das entsprechende Netzwerk muss anwendungsspezifisch realisiert werden.

- Es besteht keine Möglichkeit, die Qualität, Quantität, Varianz und Verfügbarkeit der Daten, die über das Netzwerk aufgezeichnet werden können, zu beeinflussen. Es kann nur auf die Daten zugegriffen werden, die zwischen den Fahrzeugsystemen ausgetauscht werden. Die Nachrichten werden von den Herstellern in Kommunikationsmatrizen festgelegt. Die Struktur und der Inhalt der Nachrichten sowie der Sendezyklus und damit die Abtastfrequenz der Signale können nicht verändert werden.
- Eine Interpretation der erfassten Daten ist ohne herstellerspezifische Informationen zur Kommunikationsmatrix nur mit großem Aufwand möglich.

Der Einsatz von Datenloggern bietet zwar eine hohe Sicherheit bei der Messdatenerfassung in Bezug auf die Störanfälligkeit der Netzwerkkommunikation, aber auch die geringste Flexibilität in Bezug auf Datenvarianz und –vielfalt.

3.2.2 Datenerfassung mittels Mess- und Kalibrierprotokoll

Bei der Steuergeräte- und Softwareentwicklung für automobile Systeme werden Mess- und Kalibrierprotokolle wie das Universal Measurement and Calibration Protocol (XCP) zur Erfassung von Messgrößen wie analoge Ein- und Ausgangssignale, digitale Ein- und Ausgangssignale, interne Daten und Systemzustandsinformationen verwendet. Dabei wird ereignissynchron über Speicheradressen auf den Speicher eines Steuergerätes zugegriffen, der diese Daten enthält.

Um Störungen der fahrzeuginternen Kommunikation zwischen den Steuergeräten auf den internen Netzwerken zu vermeiden, werden Mess- und Kalibrierwerkzeuge in der Regel über ein zusätzliches unabhängiges Bussystem angebunden.

Die Kommunikation erfolgt über eine verbindungsorientierte, logische Punkt-zu-Punkt-Verbindung zwischen dem Mess- und Kalibrierwerkzeug (Applikationswerkzeug) und den Steuergeräten. Gleichzeitige Verbindungen vom Applikationswerkzeug zu verschiedenen Steuergeräten sind möglich, wobei ein Steuergerät nur mit genau einem Applikationswerkzeug eine Verbindung aufbauen darf.

Die Steuerung der Verbindung und der Kommunikation erfolgt durch das Applikationswerkzeug. Dabei werden Anfragen in Form von Befehlen an das Steuergerät gesendet, von denen jede vom adressierten Steuergerät beantwortet werden muss, bevor die nächste Anfrage erfolgen darf. Dies wird auch als Request-Response- oder Polling-Verfahren bezeichnet.

Bei XCP werden die zwischen Applikationswerkzeug und Steuergerät ausgetauschten Nachrichten grundsätzlich in die zwei Gruppen

- Command Transfer Objects (CTO) und
- Data Transfer Objects (DTO)

unterteilt.

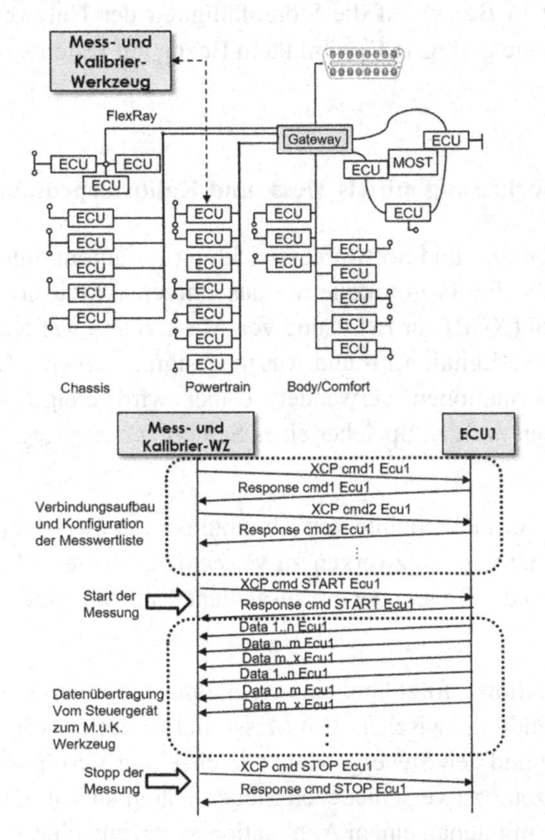

Abbildung 3.7: Konzept der Signal-Erfassung/Aufzeichnung mittels Mess- und Kalibrier-Protokoll XCP

CTO umfassen Befehle vom Applikationswerkzeug an das Steuergerät sowie positive oder negative Antworten vom Steuergerät. Mit diesem Befehlssatz wird der Verbindungsaufbau gesteuert und der Zugriff auf den Steuergerätespeicher konfiguriert. DTO umfassen Datennachrichten für Messdaten vom Steuergerät zum Applikationswerkzeug.

Der eigentliche Prozess der Messdatenerfassung von einem Steuergerät läuft wie folgt ab. Zunächst wird mithilfe spezieller CTO die Verbindung zum Steuergerät aufgebaut und die Messwertlisten werden konfiguriert, indem die Speicheradresse und -größe angegeben wird, die dem Steuergerät mitteilt, welche Messdaten in welcher Form und Reihenfolge erfasst werden sollen.

Nach der Konfiguration und dem Start der Messdatenübertragung durch das Applikationswerkzeug erfolgt die Datenübertragung mithilfe von DTOs periodisch oder bei Eintreten eines steuergeräteinternen Ereignisses ohne weitere Aufforderung durch das Anwendungssystem.

Abbildung 3.8 zeigt schematisch die Abhängigkeit der Buslast beim Einsatz von XCP.

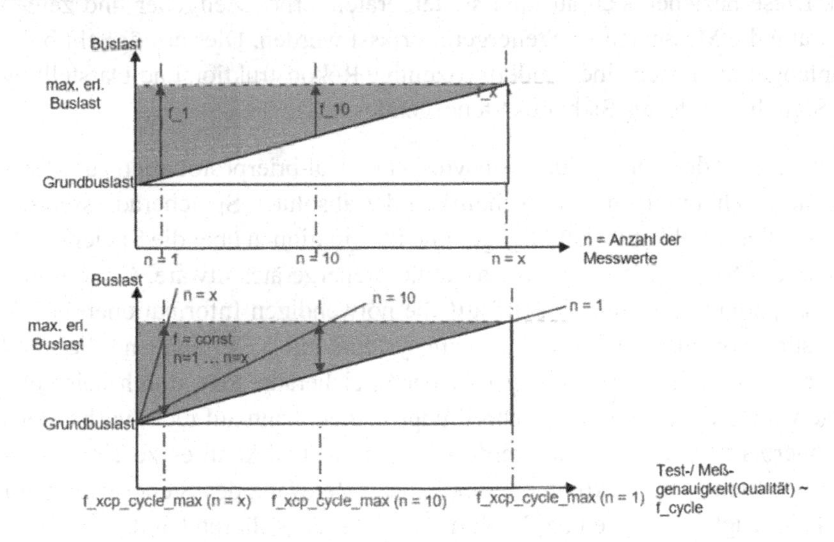

Abbildung 3.8: Schematische Darstellung der Buslast bei XCP in Abhängigkeit von Datenmenge und zeitlicher Auflösung

Es ist zu erkennen, dass der Anstieg der Buslast bei XCP von den beiden Faktoren

- der Anzahl der zu übertragenden Datenbytes und
- dem Verhältnis Sendezyklus zu Baudrate

abhängig ist. Der Sendezyklus hat dabei einen größeren Einfluss auf die Erhöhung der Buslast. Die Relevanz dieser Abhängigkeit wird bei einem direkten Vergleich zwischen der Verwendung eines Mess- und Kalibrierprotokolls und eines Diagnoseprotokolls zur Abschätzung der Übertragbarkeit einer potentiellen Datenmenge in einer bestimmten Zykluszeit und einer bestimmten Grundlast deutlich (siehe Kapitel 4.4). Mess- und Kalibrierwerkzeuge bieten die Möglichkeit, Signalverläufe mit hoher Auflösung aufzuzeichnen. Dabei werden die Signale direkt aus dem Speicher der Steuergeräte ausgelesen und zyklisch an das Werkzeug übertragen. Durch einen separaten Steuergerätezugriff und ein einfaches Kommunikationsprotokoll zur Übertragung der Signalwerte an das Werkzeug wird die fahrzeuginterne Kommunikation zwischen den verschiedenen Systemen und deren Funktion nicht oder nur geringfügig beeinflusst. Ein weiterer Vorteil bei der Verwendung von Mess- und Kalibrierprotokollen wie XCP ist die Möglichkeit, mit den Daten Zeitstempel zu übertragen. Diese beziehen sich auf den steuergeräteinternen Zeitgeber und zeigen an, wann die Messdaten im Steuergerät erfasst wurden. Dies ermöglicht beim Empfänger der Daten eine hundertprozentige Rekonstruktion und Darstellung der Signalverläufe aus Sicht des Steuergerätes.

Nachteilig bei der Verwendung von Mess- und Kalibrierprotokollen zur Messdatenaufzeichnung ist die Notwendigkeit der absoluten Speicheradressen der Signale. Die Applikation benötigt genaue Informationen über die Speicheraufteilung des Steuergerätes und die aktuelle Steuergerätesoftware. Ohne spezielles Expertenwissen und Zugriff auf die notwendigen Informationen ist die Erfassung von Signalen eines Fahrzeugsystems mit XCP nicht möglich und kritisch. Durch die Verwendung falscher Speicheradressen, durch beispielsweise veraltete Steuergerätebeschreibungsdateien, kann auf nicht vorhandene Speicherbereiche zugegriffen werden. In diesem Fall kann es zu einem Absturz des Steuergerätes kommen, der je nach Relevanz des Steuergerätes für den Fahrzeugbetrieb zu einem Notlauf des Fahrzeugs führen kann.

3.2.3 Datenerfassung mittels Diagnose Standard ISO 14229 Unified Diagnostic Services

Für die Erfassung von Signalen z. B. von Sensoren und Aktoren oder auch der Steuergeräte-Software können die Dienste der Funktionsgruppe für die Datenübertragung des Diagnoseprotokolls UDS verwendet werden (siehe **Tabelle 3.1**). Jeder dieser Dienste bietet dabei unterschiedliche Möglichkeiten der Datenkommunikation.

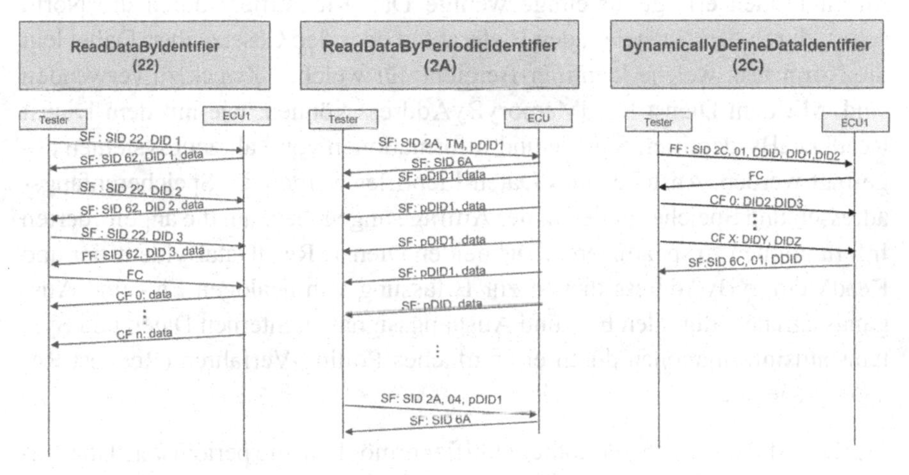

SF: Single Frame, SID: Service Identifier, DID: Data Identifier, MWG: Messwertgruppe, FF: First Frame, FC: Flow Control, CF: Consecutive Frame, TM: Transmission Mode, pDID: periodic Data Identifier, DDID: Dynamically Defined Data Identifier

Abbildung 3.9: Kommunikationsablauf bei ReadDataByIdentifier, ReadDataByPeriodicIdentifier und DynamicallyDefinedDataIdentifier

Der Dienst ReadDataByIdentifier ermöglicht die Abfrage von Signalen und Informationen von Fahrzeugsystemen durch Angabe von Daten-Identifiers. Die Daten-Identifiers dienen zur Identifizierung der Daten, die vom Steuergerät an das Diagnosewerkzeug gesendet werden sollen. Dazu werden Anfragen, bestehend aus einem 1 Byte Service-Identifier und einem 2 Bytes Daten-Identifier zur Identifikation des entsprechenden Messwertes oder der Messwertgruppe über eine physikalische Adressierung nach ISO 15765 an ein Steuergerät im Fahrzeug gesendet. Die Antwort enthält neben der Service Response-ID den Daten-Identifier und den Messwert bzw. die Messwerte der vom Hersteller spezifizierten Messwertgruppe.

Bei dem Dienst ReadDataByIdentifier handelt es sich um ein einfaches Polling-Verfahren, bei dem Informationen zwischen dem externen Diagnosetool und den fahrzeuginternen Steuergeräten über ein Frage-Antwort-Spiel ausgetauscht werden. Für die Definition und Festlegung der Daten-Identifiers mit entsprechender Zuordnung der Information bzw. des Informationsgehalts werden entsprechende Vorgaben im Standard gemacht (siehe Anhang A3).

Die Definition und Zuordnung der durch die Daten-Identifiers identifizierten Informationen erfolgt für einige wenige Daten-Identifiers durch die Norm selbst, durch den Hersteller, den Lieferanten oder den Gesetzgeber. Dabei legt die Norm fest, welche Identifier-Bereiche für welchen Zweck zu verwenden sind. Mit dem Dienst ReadMemoryByAddress können, wie mit dem Dienst ReadDataByIdentifier, Signale und Informationen von Fahrzeugsystemen abgefragt werden. Anstelle eines Daten-Identifier werden die Speicheranfangsadressen und Speichergrößen in der Anfrage angegeben, um die angeforderten Informationen zu spezifizieren. Die beiden Dienste ReadDataByIdentifier und ReadMemoryByAddress dienen zur Erfassung von analogen Ein- und Ausgangssignalen, digitalen Ein- und Ausgangssignalen, internen Daten und Systemstatusinformationen durch ein einfaches Polling-Verfahren (Request-Response-Methode).

Der Dienst ReadDataByPeriodicIdentifier ermöglicht die periodische Übertragung von Datensätzen von Fahrzeugsteuergeräten an das Diagnosewerkzeug unter Angabe eines Übertragungsmodus und mindestens eines Daten-Identifier in der Anfrage vom Client an den Server. Die Identifikation der zu übertragenden Signale erfolgt durch einen 1-Byte-Identifier, der das Low-Byte eines Daten-Identifier aus dem Bereich 0xF200 - 0xF2FF sein muss. Empfängt ein Steuergerät eine gültige Anfrage, muss diese zunächst mit einer positiven Antwort bestätigt werden. Nach der ersten positiven Antwort sendet das Steuergerät den/die Wert(e) in periodischen Nachrichten entsprechend dem angeforderten Übertragungsmodus, bis der Client dem Server mitteilt, die Übertragung zu beenden.

Der Dienst DynamicallyDefinedDataIdentifier ermöglicht das Zusammenfassen mehrerer Datensätze zu einem Datensatz, indem ein dynamisch definierter Daten-Identifier definiert wird. Dieser Dienst ermöglicht die Reduzierung der Bandbreitennutzung durch die Vermeidung von Overhead in Verbindung mit häufigen Anfragen. Zur Identifizierung der zu gruppierenden Daten können entweder 2-Bytes-Daten-Identifier oder absolute Speicheradressen und –längen verwendet werden. Der dynamisch definierte Daten-Identifier, der im Identifier-Bereich 0xF200 - 0xF3FF liegen muss, kann mit den Diensten ReadDataByIdentifier oder ReadDataByPeriodicIdentifier verwendet werden, um die Datengruppe entweder im Polling-Verfahren oder periodisch vom Server zum Client zu übertragen. Bei der Gruppierung von Daten über den UDS-Dienst DynamicallyDefinedDataIdentifier ist eine genaue Kenntnis der zu gruppierenden Datensätze erforderlich. Bei Verwendung von Speicherinformationen müssen Adressen und Längen der zu gruppierenden Daten im Speicher des Steuergerätes bekannt sein. Bei Verwendung vordefinierter Daten-Identifiers ist eine genaue Kenntnis der den Daten-Identifiers zugeordneten Datensätze erforderlich. In der Anfrage zur Definition des dynamischen Daten-Identifier müssen für die zu gruppierenden Datensätze die 2-Bytes-Identifier sowie die Position und Länge der gewünschten Daten im Originaldatensatz bzw. in der Antwortnachricht angegeben werden.

3.3 Buslastberechnung beim CAN-Bus

Die Buslast eines CAN-Netzwerks ist die zeitlich gemittelte Belegung des CAN-Busses. Diese kann für eine auf dem CAN-Bus gesendete Nachricht mithilfe der in diesem Kapitel dargestellten mathematischen Grundgleichungen berechnet werden. Aus diesen mathematischen Grundlagen werden später spezifische Funktionen für die Berechnung und arithmetische Betrachtung der allgemeinen Diagnosekommunikation mittels UDS abgeleitet.

Nach [44] hängt die Buslast einer zyklisch auf dem CAN-Bus gesendeten Nachricht von den zwei Faktoren Frameübertragungszeit sowie zyklisches Sendeintervall nach

$$B_{Frame} = f(T_{Frame}, T_{send}) = \frac{T_{Frame}}{T_{send}} \qquad \text{Gl. 3.1}$$

ab. Ein zyklisch gesendeter CAN-Frame erzeugt auf dem CAN-Bus eine Buslast nach Gleichung Gl. 3.1 mit

- $B_{Frame} = von\ einem\ Frame\ erzeugte\ Buslast$
- $T_{Frame} = Frame\ Übertragungszeit$

- $T_{send} = zyklisches\ Sende - Intervall$

Die Übertragungszeit eines CAN-Frame errechnet sich aus

$$T_{Frame} = l_{Frame} * T_{bit} = (n_{Header} + n_{Tailer} + n_{Idle} + n_{Data} + n_{Stuff}) * T_{bit} \quad \text{Gl. 3.2}$$

Dabei ist l_{Frame} die durchschnittliche Frame-Länge der CAN-Nachrichten in Bits und T_{bit} die Zeit für die Übertragung eines Bits (= Kehrwert der Baudrate). Die Anzahl der Bits einer Nachricht hängt vom Nachrichtentyp und damit vom verwendeten CAN-Identifier ab. Die folgenden Betrachtungen beziehen sich auf die Verwendung eines Standard-CAN mit 11-Bit CAN-Identifier, können aber auch für die Verwendung eines Extended-CAN mit 29-Bit CAN-Identifier durchgeführt werden.

Für einen 11 Bit CAN-Identifier gilt

- $n_{Header} = 19\ bits$
- $n_{Tailer} = 25\ bits$
- $n_{Idle} = 3\ bits$

und damit

$$n_{Header} + n_{Tailer} + n_{Idle} = 47\ bits \quad \text{Gl. 3.3}$$

Die Anzahl der Stuffbits n_{Stuff} hängt vom Inhalt der Nachricht ab und beträgt nach [45] und [46]

$$n_{Stuff} = 0 \ldots \left\lfloor \frac{n_{Header} + n_{Tailer} + n_{Idle} + n_{Data} - 14bit}{4} \right\rfloor \quad \text{Gl. 3.4}$$

wobei $\lfloor \ldots \rfloor$ bedeutet, dass der Bruch auf den nächsten ganzzahligen Wert abgerundet werden muss.

Für die Berechnung der Frame-Übertragungszeit bei Verwendung von CAN-Frames mit einem 11-Bit-CAN-Identifier ergibt sich damit

$$T_{Frame} = \left(47 + 8 * n_{Data} + \frac{(34 + 8 * n_{Data})}{4}\right) T_{Bit} \qquad \text{Gl. 3.5}$$

mit

- $n_{Data} = Anzahl\ der\ Datenbytes\ in\ der\ Botschaft$
- $T_{Bit} = Übertragungszeit\ für\ ein\ Bit$
  (Abhängig von der Übertragungsrate)

Gl. 3.1 ergibt mit Gl. 3.5 die Formel zur Berechnung der erzeugten mittleren Buslast eines zyklisch gesendeten Standard-CAN-Frame nach

$$B_{Bus,Frame} = \frac{\left(\frac{(34 + 8 * n_{Data})}{4} + 47 + 8 * n_{Data}\right)}{T_{send} * \mathrm{Bd}} = \frac{\left(\frac{(34 + 8 * n_{Data})}{4} + 47 + 8 * n_{Data}\right) * f_{send}}{\mathrm{Bd}} \qquad \text{Gl. 3.6}$$

abhängig von der Anzahl der Datenbytes im CAN-Frame.

3.4 Abtastrate und Busauslastung für die Signal-Erfassung

Für Regelungs- und Steuerungsaufgaben müssen in Fahrzeugsystemen häufig Eingangsgrößen in Form von elektrischen Signalen wie Spannung oder Strom von Sensoren erfasst werden. Um in Abhängigkeit von den Sensorsignalen analoge Stellgrößen für Aktoren zu erzeugen, werden die Analogsignale in digitale Signale umgewandelt und daraus eine Stellgröße zur Ansteuerung der Aktoren berechnet. Dabei werden die analogen Signale zu diskreten Zeitpunkten mit einer definierten Auflösung in äquidistanten (gleich großen) Abständen erfasst bzw. abgetastet und quantisiert, da nur eine endliche Anzahl von Werten verarbeitet werden kann. Bei diesem Digitalisierungsprozess werden wert- und zeitkontinuierliche Signale in wert- und zeitdiskrete Signale umgewandelt. Aus einem kontinuierlichen Signal wird eine zeit- und wertediskrete Folge. [47]

Zur Rekonstruktion eines kontinuierlichen Signals aus der diskreten Sequenz muss die Abtastfrequenz so gewählt werden, dass das Nyquist-Shannon-Abtasttheorem erfüllt ist. Dieses besagt, dass eine Zeitfunktion s(t) eines bandbegrenzten Eingangssignals vollständig durch sein abgetastetes Signal beschrieben wird, wenn die Abtastfrequenz f_a größer als das Doppelte der Grenzfrequenz f_g ist.

$$f_a > 2 \cdot f_g \tag{Gl. 3.7}$$

Da hohe Abtastraten technisch aufwendig und rechenintensiv sind, liegt der Schwerpunkt bei der Auslegung von Signalerfassungssystemen in der Regel auf der Begrenzung der Signale auf die erforderlichen Frequenzen. Dies geschieht üblicherweise durch den Einsatz von Tiefpassfiltern.

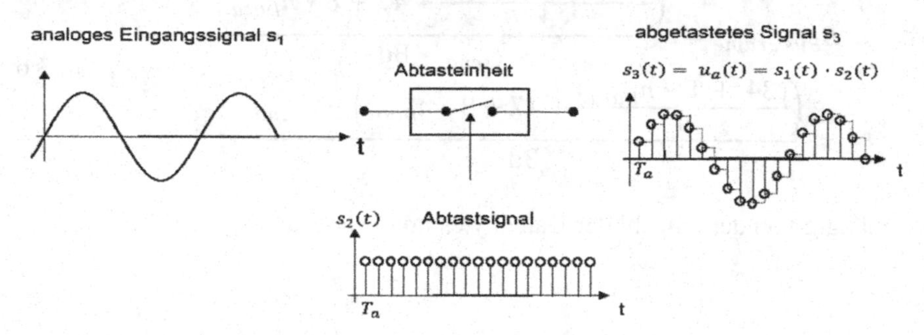

Abbildung 3.10: Prinzipdarstellung einer Abtastung

Die Festlegung der Abtastrate und die Dimensionierung des Tiefpassfilters erfolgt durch eine Frequenzanalyse des abzutastenden Signals. Bei der Frequenzanalyse wird untersucht, welche Frequenzen mit welchen Amplituden in einem nichtperiodischen Zeitsignal enthalten sind. Dazu wird das abzutastende Signal mithilfe der Fourier-Transformation aus dem Zeitbereich in den Frequenzbereich (Spektralbereich) überführt [48]. Bei der Erfassung von Signalen mit einem Off-Board-Werkzeug werden zeit- und wertdiskrete Signale zu bestimmten Zeitpunkten von den Steuergeräten abgegriffen. In Abhängigkeit von der „Abtastfrequenz" erhält man wieder ein zeit- und wertdiskretes Signal. Dabei findet ein sogenanntes Down-Sampling (d.h. eine Reduktion der Stützstellen) statt, was zu einem Informationsverlust führt (**Abbildung 3.11**).

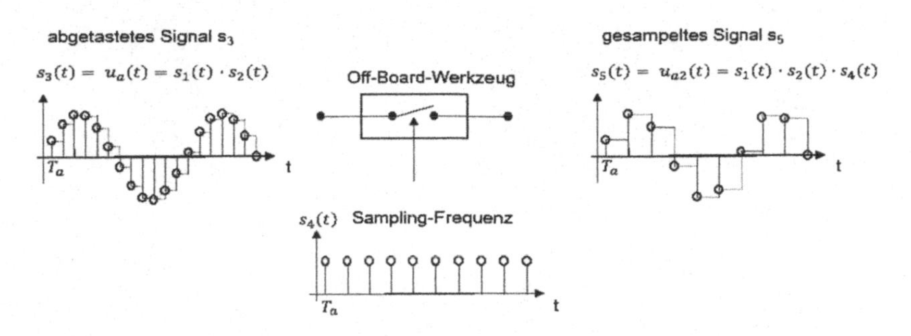

Abbildung 3.11: Prinzipdarstellung des Samplings

Die Sampling-Frequenz ist die Frequenz, mit der die Signale erfasst werden. Die Sampling-Frequenz ist

- bei Verwendung von Diagnoseprotokollen die Abfragefrequenz, mit der die Signale vom Steuergerät abgefragt werden,
- bei Verwendung von Mess- und Kalibrierprotokollen die zyklische Sendefrequenz der Signale, mit der die Signale an das Diagnosetool gesendet werden und
- bei Verwendung von Loggern die Sendefrequenz, mit der die Signale über das Netzwerk an andere Netzknoten gesendet werden.

Um eine fehlerfreie Rekonstruktion eines kontinuierlichen Signals aus der mittels Sampling diskretisierten Sequenz zu ermöglichen, muss die Sampling-Frequenz dem Abtasttheorem genügen, das die minimale Sampling-Rate für die Off-Board-Signalerfassung festlegt.

Fahrzeugsysteme tauschen im Normalbetrieb eine Vielzahl von Informationen untereinander aus, wodurch das Fahrzeugnetzwerk mit einem grundlegenden Kommunikationsaufkommen belastet wird. Für die Auslegung der fahrzeugexternen Signalerfassung mittels Diagnose- oder Mess- und Kalibrierprotokollen muss die Grundbelastung des Fahrzeugnetzwerks im Normalbetrieb des Fahrzeugs berücksichtigt werden. Im Automobilbereich liegt die kritische Grenze der maximalen Busauslastung von z. B. CAN-Netzwerken bei ca. 50%. Ab diesem Wert können signifikante Latenzen in der Steuergerätekommunikation auftreten, so dass eine zeitgerechte Übertragung von Nachrichten niedriger Priorität nicht mehr gewährleistet werden kann. Damit ist die Echtzeitfähigkeit der Systeme gefährdet.

4 Potentialabschätzung aktuell geltender Standards

4.1 Protokolle für die Informationsübertragung

Wie in Kapitel 3.2 aufgezeigt, werden Mess- und Kalibrier- oder Diagnoseprotokolle für die Übertragung von Daten und Informationen von Fahrzeugsteuergeräten zu Off-Board-Werkzeugen verwendet. **Abbildung 4.1** zeigt diese beiden grundlegenden Techniken zur Übertragung von Daten und Informationen vom Fahrzeug zu Off-Board-Werkzeugen im Rahmen der Standardisierung nach ASAM MCD.

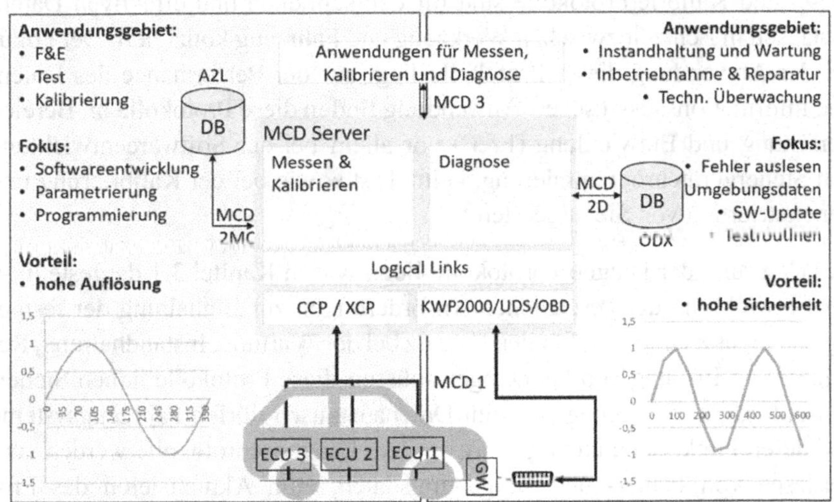

F&E: Forschung und Entwicklung, DB: Datenbank, A2L:ASAP2-Beschreibungsdatei, MCD: Measurement Calibration and Diagnosis, CCP: Can Calibration Protocol, XCP: Universal Measurement and Calibration Protocol, ECU: Electronic Control Unit, GW: Gateway, UDS: Unified Diagnostic Services, OBD: On Board Diagnostics, SW-Software

Abbildung 4.1: Darstellung der Protokolle für die Informationsübertragung zwischen Fahrzeug und Off-Board-Werkzeug im Rahmen der ASAM MCD Standards

A. Heinz, *Nutzung der Fahrzeug-Schnittstelle zur Datenerfassung im dynamischen Fahrzeug-Betrieb*, Wissenschaftliche Reihe Fahrzeugtechnik Universität Stuttgart,
https://doi.org/10.1007/978-3-658-44166-1_4

Jedes Protokoll ist für spezielle Anwendungen konzipiert, was auf die historische Entwicklung der Protokolle zurückzuführen ist. Anfang 2000 versuchte die ASAM beide Protokolltypen in einem gemeinsamen Standard (ASAM MCD) zu vereinen, was jedoch aufgrund der historischen Entwicklung und nur teilweisen Kompatibilität nur bedingt möglich ist.

Mess- und Kalibrierprotokolle wurden ursprünglich für den Einsatz in der Entwicklungs- und Produktionsphase konzipiert, in der das Messen und Kalibrieren von Steuergeräteparametern im Vordergrund steht. Das hierfür zuständige Standardisierungsgremium war der Arbeitskreis zur Standardisierung von Applikationssystemen (ASAP) als Vorgängervereinigung der ASAM.

Mess- und Kalibrierprotokolle sind für den schnellen und effektiven Datenaustausch in Echtzeit zwischen Werkzeug und Fahrzeug konzipiert. Der Fokus bei der Anwendung dieser Protokolle liegt auf der Performance des Daten- und Informationsaustausches. Anwendung finden diese Protokolle im Bereich Forschung und Entwicklung (F&E) vor allem bei der Softwareentwicklung und Steuergeräteprogrammierung, beim Test sowie bei der Kalibrierung und Parametrierung von Steuergeräten.

Der Ursprung der Diagnoseprotokolle liegt, wie in Kapitel 3.1 dargestellt, in der Entwicklung der gesetzlichen Anforderungen zur Einhaltung der festgelegten Abgasgrenzwerte. Für den Einsatz bei der Wartung, Instandhaltung, Reparatur und Prüfung von Fahrzeugen müssen diese Protokolle hohen Sicherheitsanforderungen genügen. Beim Datenaustausch dürfen Fahrzeugsysteme und deren Funktionen nicht gestört werden. Diagnoseprotokolle werden zum Auslesen von Fehler- und Umgebungsdaten, zum Aktualisieren des Programm- und Parameterstandes von Steuergeräten sowie zum Starten von steuergeräteseitig implementierten Testroutinen und dem Auslesen der zugehörigen Testergebnisse verwendet.

Nach einer kurzen Gegenüberstellung und Einordnung der Methoden zur Messdatenerfassung im Fahrzeug in Kapitel 4.2 werden in diesem Kapitel die Potenziale moderner Fahrzeugdiagnoseprotokolle hinsichtlich der Off-Board-Signalerfassung dargestellt. Zunächst wird gezeigt, dass moderne Diagnoseprotokolle durchaus die Möglichkeit bieten, ausreichende Signalverläufe zu erfassen, die fahrzeugextern zur Rekonstruktion kontinuierlicher Signale und zur modellbasierten Systemdiagnose genutzt werden können. Um dies mathematisch belegen zu können, werden in Kapitel 4.4 mit Hilfe der Grundgleichungen aus Kapitel 3.3 spezifische Funktionen zur Berechnung der Buslastüberhöhung bei Verwendung des Diagnoseprotokolls UDS hergeleitet.

4.2 Vergleich der Methoden zur Messdatenerfassung im Fahrzeug

Zu den gebräuchlichsten Methoden der Messdatenerfassung im Fahrzeug gehört

- die Verwendung von Mess- und Kalibrierprotokollen wie XCP,
- die Aufzeichnung von fahrzeugintern ausgetauschten Messwerten und Daten (CAN-Trace/Datenlogging) und
- die Verwendung von Diagnoseprotokollen wie UDS oder KWP2000.

Bei der Messdatenerfassung mittels Diagnoseprotokolle, wie z.B. die Standards UDS oder KWP2000, erfolgt die Übertragung der Messdaten vom Steuergerät zum Diagnosetester mittels Polling-Verfahren. Dabei werden die Messdaten zyklisch vom Steuergerät abgefragt, wodurch der CAN-Bus doppelt belastet wird. Durch die bei der Diagnosekommunikation in der Regel verwendeten Identifiers mit niedriger Priorität und großen Zykluszeiten besteht aufgrund der Buszuweisung beim CAN nach Prioritäten (Arbitrierungsverfahren) eine geringe Gefahr, die fahrzeuginterne Kommunikation zu stören. Das Arbitrierungsverfahren soll sicherstellen, dass wichtige Nachrichten mit hoher Priorität sofort Zugriff auf den Bus erhalten, was jedoch nicht mit absoluter Sicherheit garantiert werden kann, da der asynchrone Buszugriff beim CAN nicht streng deterministisch ist. Für Nachrichten mit hoher Priorität kann eine maximale Latenzzeit bei der Übertragung garantiert werden. Für Nachrichten mit niedrigerer Priorität, wie z. B. Diagnose-Nachrichten, kann insbesondere bei hoher Buslast keine maximale Latenz garantiert werden. Jedoch wird sichergestellt, dass die Übertragung von Nachrichten mit hoher Priorität nicht verhindert oder verzögert wird [49] [50] [44]. Dies ermöglicht den Einsatz von Diagnoseprotokollen in Serienfahrzeugen. Bei gleichzeitigen Zugriffsversuchen auf den CAN-Bus haben Nachrichten, die zwischen Steuergeräten ausgetauscht werden, immer eine höhere Priorität als Diagnose-Botschaften.

Aufgrund der geringen Störanfälligkeit der fahrzeuginternen Kommunikation durch den aktiven Zugriff auf das Kommunikationsmedium ist dieses Verfahren für den Betrieb des Fahrzeugs im Stillstand bei Wartung und Instandhaltung vorgesehen.

Mess- und Kalibrierprotokolle wie XCP verwenden zur Messdatenerfassung zunächst ebenso eine Art Frage-Antwort-Prozess zur Initialisierung der Kommunikation und Konfiguration der an das Werkzeug zu übertragenden Messwertlisten im Steuergerät. Sind diese im Steuergerät definiert, werden die Messwerte nach dem Start der Messung zyklisch vom Steuergerät an das Applikationswerkzeug gesendet. Im Vergleich zur Diagnosekommunikation wird bei gleicher Anzahl von Messdaten und gleicher Abtastrate das Übertragungsmedium während der eigentlichen Signalübertragung nur näherungsweise mit der halben Buslast belastet. Dadurch sind kürzere Zykluszeiten möglich, so dass auch Messdaten mit hoher Änderungsrate mit hoher Abtastrate erfasst werden können. Der Einsatz von Mess- und Kalibrierprotokollen erfolgt vorwiegend in der Entwicklung und meist über separate Zugänge zum Steuergerät, so dass die fahrzeuginterne Kommunikation nicht gestört oder beeinflusst wird.

Beim Einsatz von Logging-Verfahren wird nur lesend auf das Übertragungsmedium zugegriffen. D.h. es findet nur ein Mithören der fahrzeuginternen Kommunikation statt. Dadurch wird die fahrzeuginterne Kommunikation nicht gestört, was den Einsatz in der Entwicklung aber auch in Serienfahrzeugen ermöglicht. Nachteilig bei diesem Verfahren ist die Einschränkung in Bezug auf die Varianz und zeitliche Auflösung der Messwerte, die zwischen den einzelnen Systemen und Steuergeräten ausgetauscht werden.

Abbildung 4.2 zeigt die Einordnung der drei Verfahren zur Messdatenerfassung im Fahrzeug. Durch die schematische Darstellung der Verfahren in einem Diagramm mit der zeitlichen Auflösung (Abtastrate) auf der x-Achse und der Busauslastung auf der y-Achse lassen sich die verschiedenen Verfahren entsprechend einordnen und Verfahrenskonflikte visualisieren. Bei diesem Vergleich zeigt sich, dass die Logging-Methode die höchste Sicherheit bei der Messdatenerfassung, aber auch die geringste Flexibilität in Bezug auf Datenvarianz und -vielfalt bietet. Die höchste Sicherheit wird dadurch erzielt, dass kein Einfluss auf das Übertragungsmedium ausgeübt wird.

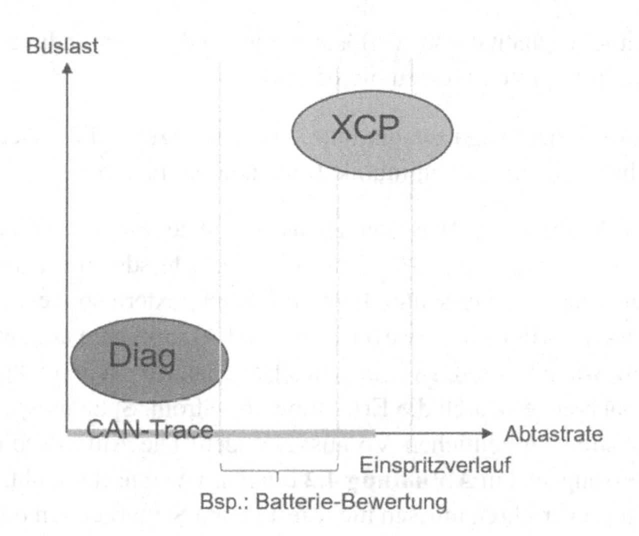

Abbildung 4.2: Vergleich der Methoden zur Signalerfassung

Der Einsatz von Diagnoseprotokollen kann hinsichtlich der Erhöhung der Buslast im Rahmen ihres Einsatzzweckes ebenfalls als unkritisch eingestuft werden. Allerdings können aufgrund des vorhandenen Protokoll-Overheads und des Frage-Antwort-Prinzips keine hochfrequenten Messdaten erfasst werden. Eine hochfrequente Abfrage von Signalen führt zu einer zu starken Erhöhung der Kommunikationslast. Da die Fahrzeugbussysteme durch den Datenaustausch zwischen den Steuergeräten bereits bis zu einem gewissen Grad ausgelastet sind, steht für die Messdatenerfassung mittels Diagnose nur eine geringe Restbuslaststeigerung für einen sicheren Betriebszustand des Fahrzeugs zur Verfügung.

Die höchste Qualität in Bezug auf die zeitliche Auflösung der Messdaten kann durch Mess- und Kalibrierprotokolle erreicht werden. Deren Einsatz führt jedoch zu einer erheblichen Erhöhung der Buslast auf nicht separaten Datenkanälen, was den Einsatz in Serienfahrzeugen im dynamischen Fahrzeugbetrieb nahezu ausschließt.

Diese Arbeit verfolgt das Ziel, mit Hilfe der Diagnosekommunikation eine Methode zur Messdatenerfassung zu entwickeln, die die Eigenschaften aufweist

- die zeitliche Qualität und Auflösung wie bei der Verwendung von Mess- und Kalibrierprotokollen zu bieten und
- die Vorteile der Diagnosekommunikation in Bezug auf die Beeinflussung der fahrzeuginternen Kommunikation zu kombinieren.

Eine solche Methode der Messdatenerfassung bietet die Möglichkeit für den Einsatz in Serienfahrzeugen zur Erfassung von Messdaten im dynamischen Betrieb. Die erfassten Messdaten können fahrzeugextern so weiterverarbeitet werden, dass neuartige Diagnoseverfahren und Algorithmen angewendet werden können, wie z.B. die Bewertung des Batteriezustands in elektrisch angetriebenen Fahrzeugen durch die Erfassung von Strom, Spannung und Temperatur unter strengen zeitlichen Voraussetzungen. Die Anforderungen dieser Beispielmessung sind in **Abbildung 4.2** qualitativ veranschaulicht. Modellbasierte Diagnoseverfahren müssen nicht fest in den Steuergeräten oder Diagnosetestern implementiert werden, sondern können über ein Remote-System bereitgestellt werden, das aus der Ferne mit den notwendigen Messdaten versorgt wird.

4.3 Potenzial der ISO 14229 UDS für die Off-Board Signalerfassung

Eine im Rahmen dieser Arbeit durchgeführte Analyse der in modernen Serienfahrzeugen und Diagnosewerkzeugen implementierten Diagnoseprotokolle hinsichtlich Protokolltyp und Vollständigkeit der Implementierung, identifiziert das UDS-Protokoll als das am häufigsten verwendete Diagnoseprotokoll in aktuellen Serienfahrzeugen (siehe Anhang A1). Dies ist nicht zuletzt auf vergangene und aktuelle Entwicklungen und Erweiterungen von Standards im Bereich der Fahrzeugdiagnose zurückzuführen. Somit qualifiziert sich das UDS-Protokoll in Kombination mit dem Transportprotokoll ISO-TP nach ISO 15765 für den Einsatz im Rahmen des Forschungsvorhabens dieser Arbeit.

Um die Einsatzfähigkeit des Diagnoseprotokolls UDS für die fahrzeugseitige Signalerfassung richtig einschätzen zu können, wurden die Möglichkeiten dieses Protokolls analysiert und der Implementierungsgrad in modernen Serienfahrzeugen im Rahmen einer begleitenden wissenschaftlichen Arbeit untersucht [51].

Die in Kapitel 3 vorgestellten UDS-Dienste zur Messdatenerfassung ReadDataByIdentifier, ReadDataByMemoryAddress, ReadDataByPeriodicIdentifier und DynamicallyDefinedDataIdentifier bilden die Basis für die Realisierung einer Messdatenerfassung mittels UDS-Diagnoseprotokoll. Diese kann bei voller Ausnutzung der Möglichkeiten des Standards ähnliche Eigenschaften wie Mess- und Kalibrierprotokolle aufweisen, auch wenn Diagnoseprotokolle nicht für diesen Einsatzzweck vorgesehen sind.

Neben der Abfrage einzelner Signale oder herstellerspezifischer Messwertgruppen über die UDS-Dienste der Gruppe zur Datenerfassung durch Angabe von Daten-Identifiers oder Speicherbereichen, wie in Abschnitt 3.2.3 gezeigt, können die UDS-Dienste kombiniert werden, um das Kommunikationsaufkommen für die Erfassung von Signal-Gruppen und damit die Buslast zu reduzieren. Dies wird ermöglicht durch

- die Verwendung des Dienstes ReadDataByIdentifier mit einzelnen Messwertgruppen, die durch das Multi-DID-Konzept definiert werden (Verwendung mehrerer Daten-Identifiers in einer Anfrage),
- die Verwendung des Dienstes ReadDataByIdentifier in Kombination mit dem Dienst DynamicallyDefinedDataIdentifier zur Definition individueller Messwertgruppen,
- die Verwendung des Dienstes ReadDataByPeriodicIdentifier mit einzelnen durch das Multi-DID-Konzept definierten Messwertgruppen zur periodischen Übertragung der Signale und
- die Kombination der Dienste ReadDataByPeriodicIdentifier und DynamicallyDefinedDataIdentifier zur periodischen Übertragung einzelner Messwertgruppen an ein Diagnosetool.

UDS erlaubt unter bestimmten Einschränkungen die Kombination der Dienste für die Datenerfassung. Beispielsweise kann der Dienst DynamicallyDefinedDataIdentifier mit dem Dienst ReadDataByIdentifier kombiniert werden, um viele Messwerte mit einer einzigen Anfrage von einem Steuergerät abzufragen. Der Dienst DynamicallyDefinedDataIdentifier kann mit dem Dienst ReadDataByPeriodicIdentifier kombiniert werden, um eine periodische Übertragung mehrerer Messwerte vom Steuergerät anzufordern, wodurch die Bandbreite des Übertragungsmediums besser ausgenutzt wird. Dies reduziert die zusätzliche Belastung des fahrzeuginternen Netzwerks durch die Off-Board-

Kommunikation, indem die Anzahl der vom Prüfgerät gesendeten Anfragen verringert wird.

Wie in Kapitel 3.2.3 beschrieben ermöglicht der Dienst ReadDataByIdentifier die Abfrage von Signalen und Informationen von Fahrzeugsystemen durch Angabe von Daten-Identifiers. Dabei können die Daten-Identifiers entweder einzelne Messwerte oder Gruppen von Messwerten identifizieren. Die meisten Implementierungen des Protokolls in Diagnosewerkzeugen verwenden einen Daten-Identifier pro Anfrage, um einzelne Signale oder Signalgruppen abzufragen.

Die zyklische Erfassung von herstellerunabhängigen Signalgruppen durch periodische Abfrage mit diesem Dienst kann durch Integration mehrerer Daten-Identifiers in einer einzigen Abfrage erfolgen. Die Antwort des Steuergerätes enthält dann alle Signale, die durch die Identifiers in der Anfrage definiert wurden. Die Begrenzung der Anzahl der Identifiers, die in einer Anfrage verwendet werden können, wird vom Fahrzeughersteller oder Systemlieferanten festgelegt. Häufig ist dies auf einen Daten-Identifier pro Anfrage beschränkt.

Eine weitere Möglichkeit zur Gruppierung von Signalen in Antworten vom Steuergerät besteht darin, zunächst mit dem UDS-Dienst DynamicallyDefinedDataIdentifier einzelne Messwertgruppen zu definieren, die mit dem Dienst ReadDataByIdentifier zyklisch abgefragt werden. Die Antwort vom Steuergerät enthält dann alle Signale, die bei der Definition des dynamisch definierten Daten-Identifier verwendet wurden. Auch hier liegt die Begrenzung der Anzahl der Identifiers, die zur Definition des dynamisch definierten Identifier verwendet werden können, beim Fahrzeughersteller bzw. Systemlieferanten.

Abbildung 4.3 zeigt eine Prinzipdarstellung der beiden Konzepte zur Erfassung von herstellerunabhängigen Messwertgruppen mit Hilfe des UDS-Dienstes ReadDataByIdentifier. Symbolisch ist auch die Zykluszeit T_{cycle} für die Erfassung der Signale eingetragen. Diese ist bei der Kombination der beiden UDS-Dienste ReadDataByIdentifier und DynamicallyDefinedDataIdentifier kürzer, da die ReadDataByIdentifier-Anfrage nur den dynamisch definierten Identifier enthält und somit nur aus einem ISO-TP Single-Frame besteht. Beim Multi-DID-Konzept hingegen kann die Anfrage je nach Anzahl der abzufragenden Signale und damit der in der Anfrage enthaltenen Daten-Identifiers aus einem ISO-TP-Single-Frame oder aus ISO-TP-Multi-Frames, bestehend aus First-Frame, Flow-Control und der Anzahl N von Consecutive-Frames bestehen.

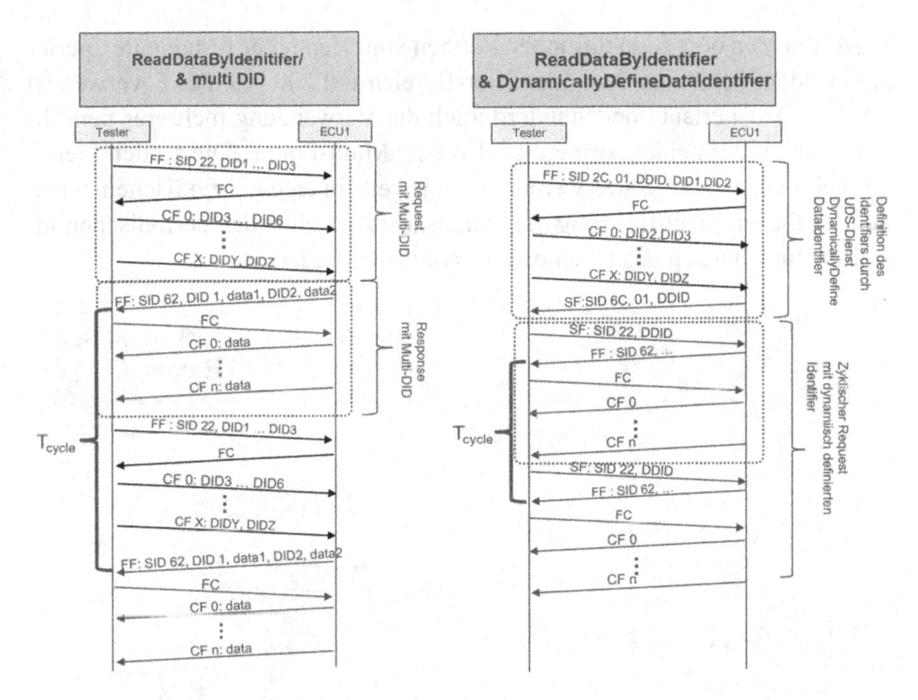

Abbildung 4.3: Darstellung der Kommunikation der beiden Konzepte zur Erfassung von herstellerunabhängigen Messwertgruppen mittels UDS-Dienst ReadDataByIdentifier

Der Vorteil der zyklischen Abfrage von Signalgruppen mit dem UDS-Dienst ReadDataByIdentifier und mehreren Daten-Identifiers liegt darin, dass die zyklische Erfassung der Signale direkt mit der ersten Abfrage gestartet werden kann. Die Kombination mit dem Dienst DynamicallyDefinedDataIdentifier erfordert eine kurze Vorlaufzeit, in der der dynamisch definierte Identifier festgelegt wird, bevor die zyklische Abfrage beginnt.

Die periodische Erfassung von Signalen ist weiterhin durch die Verwendung des Dienstes ReadDataByPeriodicIdentifier möglich. Dabei erfolgt direkt die zyklische Übertragung der Daten, nachdem in einer kurzen Initialisierungsphase dem Steuergerät mitgeteilt wurde, welche Daten in welchem Zyklus an das Diagnosetool gesendet werden sollen. Für die zyklische Übertragung von

Einzelsignalen oder Signalgruppen können vom Hersteller festgelegte „periodische Identifiers" aus dem Identifier-Bereich 0xF200 - 0xF2FF verwendet werden. Dabei erlaubt der Standard auch die Verwendung mehrerer periodischer Identifier in einer Anfrage als ISO-TP Multi-Frame. Die zu den Identifier gehörenden Datensätze werden dann jeweils in eigenen zyklischen Nachrichten, die zur Identifizierung der Datensätze zusätzlich den periodischen Identifier enthalten, an das Diagnosewerkzeug übertragen.

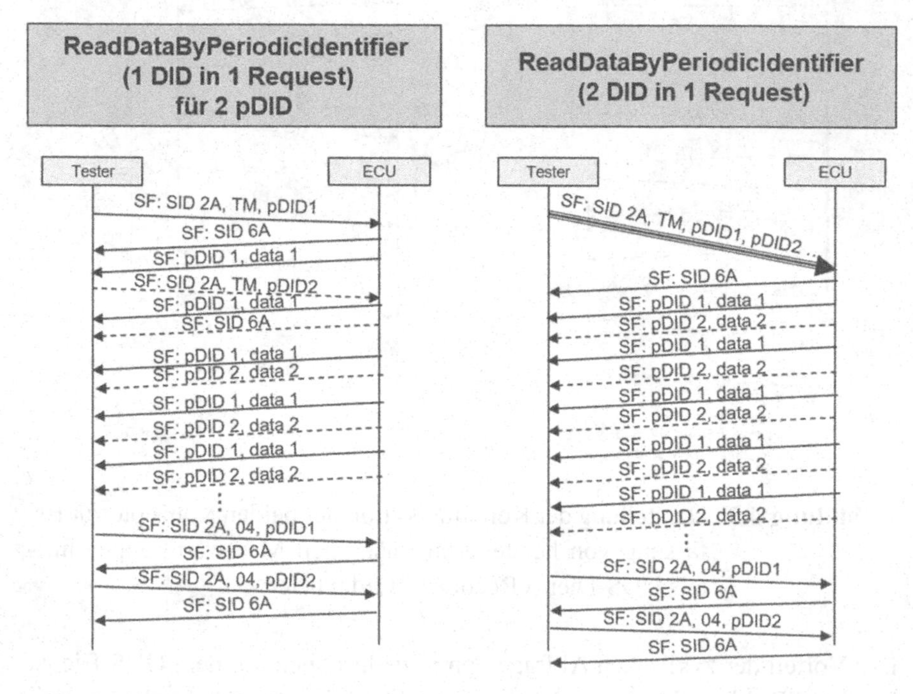

SF: Single Frame, FF: First Frame, FC: Flow Control, CF: Consecutive Frame, SF: Single Frame, SID: Service Identifier,
DID: Data Identifier, MWG: Messwertgruppe, DDID: Dynamically Defined Data Identifier, pDID: periodic Data Identifier; TM: Transmission Mode

Abbildung 4.4: Darstellung der Kommunikation zur zyklischen Erfassung von Signalen mittels UDS-Dienst ReadDataByPeriodicIdentifier

Für eine zyklische Messdatenerfassung ist weiterhin die Kombination der UDS-Dienste DynamicallyDefinedDataIdentifier und ReadDataByPeriodicIdentifier möglich. Dies jedoch nur mit der Einschränkung, dass der dynamisch definierte Identifier nur so definiert werden darf, dass der ihm zugeordnete Datensatz in der Antwort vom Steuergerät in einem CAN-Frame übertragen werden kann.

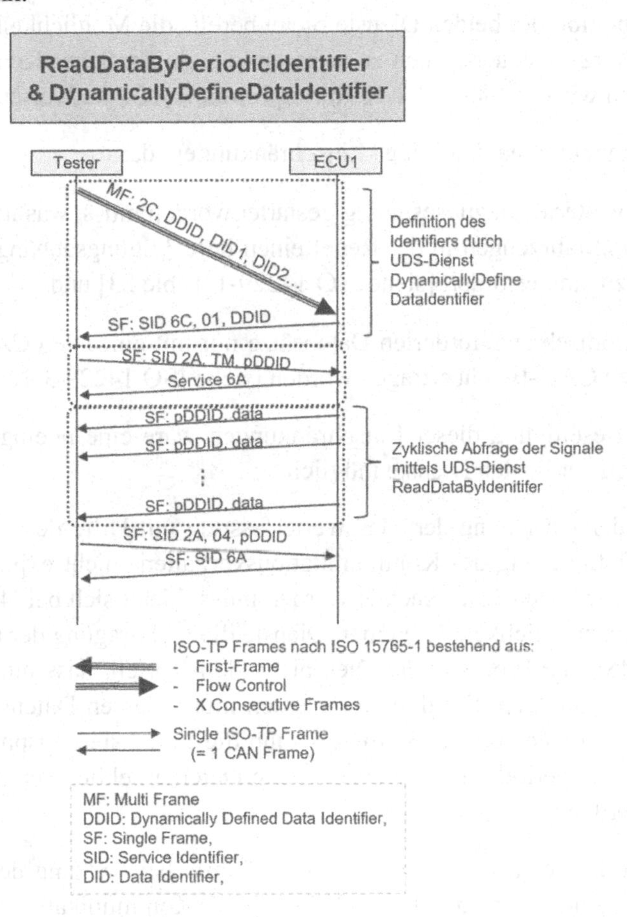

Abbildung 4.5: Darstellung der zyklischen Erfassung von Signalen mittels Kombination der UDS-Dienste ReadDataByPeriodic-Identifier & DynamicallyDefinedDataIdentifier

Die Kombination der Dienste ReadDataByPeriodicIdentifier und DynamicallyDefinedDataIdentifier bietet das größte Potential, Signalverläufe effizient und mit geringer Erhöhung der Buslast fahrzeugextern zu erfassen. Die Kombination dieser beiden Dienste kann für eine optimale Ausnutzung der Bandbreite ohne Erzeugung von Overhead sorgen, wenn bei der Definition der dynamisch definierten Identifiers darauf geachtet wird, dass die Datensätze der dynamisch definierten Identifiers im Optimalfall immer aus 7 Bytes bestehen. Die Kombination der beiden Dienste bietet bereits die Möglichkeit, Messsignale von Fahrzeugsteuergeräten zu erfassen, die ein ähnliches Kommunikationsverhalten wie das Mess- und Kalibrierprotokoll XCP aufweisen.

Diese Kombination hat allerdings Einschränkungen, dass

- eine erweiterte Diagnosesitzung gestartet werden muss, was in den meisten Serienfahrzeugen in der Regel einen berechtigungsabhängigen Sicherheitszugang erfordert [siehe ISO 14229-1 Table 23] und
- die periodisch angeforderten Datensätze nur mit einzelnen CAN-Frames über den CAN-Bus übertragen werden [siehe ISO 14229-3 Table 3].

Durch die Beseitigung dieser Einschränkungen wäre eine uneingeschränkte Kombination der beiden Dienste möglich.

Damit bei der Auslegung der Messwerterfassung mit Hilfe des UDS-Protokolls zur Optimierung des Kommunikationsverhaltens nicht explizit auf die Verteilung der Datensätze geachtet werden muss, bietet sich bei Nutzung der Kombinationsmöglichkeit der beiden Dienste die Übertragung der Datensätze durch das ISO-TP-Protokoll an. Dies bietet den Vorteil, dass nur ein dynamisch definierter Identifier definiert werden muss, dessen Datensatz alle zu erfassenden Signale enthält. Hierdurch kann die Initialisierungsphase für die Definition aller periodisch zu übertragenden Daten erheblich vereinfacht und verkürzt werden.

Abbildung 4.6 zeigt die Kommunikationsabläufe bei Nutzung der uneingeschränkten Kombination und Parallelisierung der Kommunikation mit mehreren Steuergeräten (rechte Darstellung). Zur Verdeutlichung der Vorteile einer uneingeschränkten Kombination der UDS-Dienste mit anschließender Parallelisierung der Datenabfrage ist links der Ablauf der herkömmlichen Methode der Messdatenerfassung über den UDS-Dienst ReadDataByIdentifier dargestellt. Dies ist das einfache Polling-Verfahren des Protokolls. In aktuellen Implementierungen des UDS-Protokolls wird mit diesem Dienst in der Regel pro Anfrage ein Signal vom Steuergerät abgefragt, dessen Wert in der zugehörigen Antwort an das Steuergerät übertragen wird, auch wenn nach Definition des

Standards mehrere Daten-Identifiers in einer Anfrage zulässig sind. Bei herstellerspezifischen Implementierungen des Diagnoseprotokolls können die Antworten des Dienstes auch ganze Gruppen von Messwerten enthalten, die durch einen Daten-Identifier identifiziert werden. Auf diese Weise entsteht ein erheblicher Kommunikationsaufwand für die Abfrage mehrerer Einzelmesswerte. Weiterhin ist zu erkennen, dass auf diese Weise bei einer periodischen Abfrage aller notwendigen Messwerte eine relativ große Zykluszeit benötigt wird.

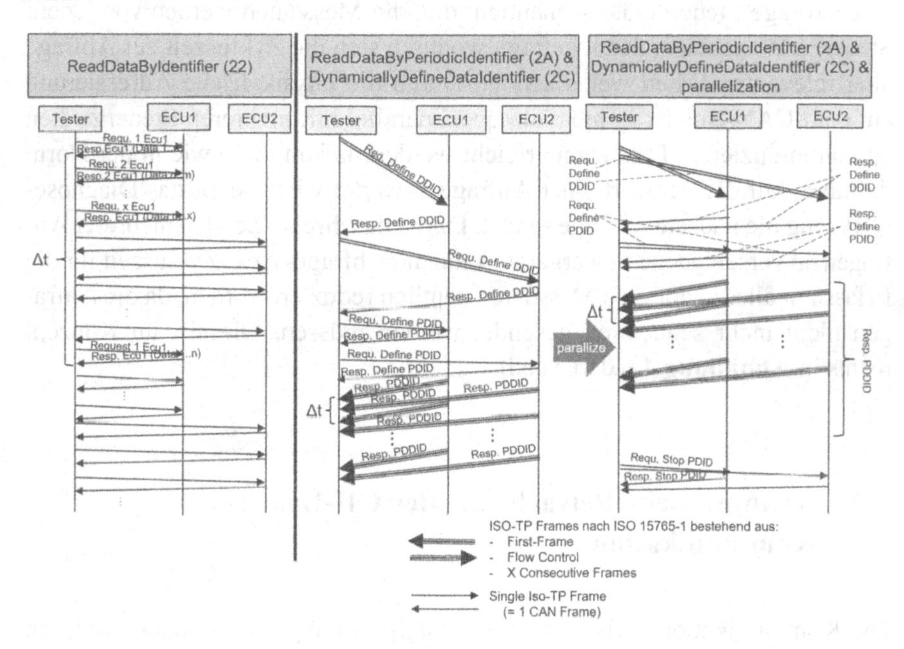

Abbildung 4.6: Kommunikationsablauf bei Nutzung von UDS mit mehreren Steuergeräten

Eine uneingeschränkte Kombination der beiden Dienste ReadDataByPeriodicIdentifier und DynamicallyDefinedDataIdentifier bietet die Möglichkeit, alle relevanten Identifiers, die mit dem Dienst ReadDataByIdentifier einzeln abgefragt werden, in einem einzigen dynamisch definierten Identifier zusammenzufassen und die Messwerte zu gruppieren. Dadurch wird die bei der periodischen Datenabfrage entstehende Buslast durch den Wegfall der Anfragen für jeden einzelnen Messwert auf nahezu die Hälfte der zu übertragenden Botschaften reduziert. Das Steuergerät sendet die Messwerte in den gewünschten Intervallen an den Diagnosetester, ohne dass dieser noch schreibend auf das

Bussystem zugreifen muss. Das Diagnosetool muss die Nachrichten nur noch empfangen und auslesen.

Sollen Messdaten von mehreren Steuergeräten erfasst werden, kann das dargestellte Verfahren zur periodischen Abfrage von Messdaten an einem Steuergerät auf weitere Steuergeräte angewendet werden, wenn hierfür eine physikalische Adressierung verwendet wird, was in der mittleren Abbildung durch das zweite Steuergerät dargestellt ist. In dieser Darstellung erfolgt die Messdatenabfrage Steuergeräte-sequentiell, d.h. die Messdaten werden von jedem Steuergerät nacheinander abgefragt, wodurch sich die Zykluszeit zur Abfrage aller relevanten Daten weiter erhöht. Durch die physikalische Adressierung auf dem CAN-Bus ist es möglich, quasi parallel mit mehreren Steuergeräten zu kommunizieren. Dies kann erreicht werden, indem nicht wie in der Norm definiert, auf die Antwort einer Anfrage gewartet wird, bevor das Diagnosewerkzeug die nächste Anfrage sendet. Durch das direkte Senden mehrerer Anfragen an verschiedene Steuergeräte kann die Abfrage- bzw. Zykluszeit für die Erfassung aller benötigten Messdaten deutlich reduziert werden, da die Anfragen nicht mehr sequentiell gesendet werden müssen. Dies ist im Konzept rechts in **Abbildung 4.6** dargestellt.

4.4 Arithmetische Betrachtung der Off-Board-Kommunikation

Die Kommunikation zwischen einem externen Diagnosewerkzeug und den Fahrzeugsteuergeräten belastet die fahrzeuginternen Bussysteme mit zusätzlicher Kommunikation. Durch die Erhöhung der Buslast besteht die Gefahr, dass die fahrzeuginterne Kommunikation zwischen den einzelnen Systemen beeinflusst und gestört wird. Daher ist die durch das externe Diagnosewerkzeug erzeugte Buslasterhöhung das wesentliche Kriterium für die Beurteilung, ob eine Diagnose im dynamischen Betrieb durchgeführt werden kann.

Ausgehend von den in Kapitel 3.3 dargestellten Gleichungen zur Berechnung der Buslast einer auf dem CAN-Bus übertragenen Nachricht werden die Funktionen zur Berechnung und Analyse der Buslasterhöhung durch die Off-Board-Kommunikation zwischen den Steuergeräten eines Fahrzeugs und einem externen Diagnosewerkzeug hergeleitet. Diese können bei der Auslegung der Signalerfassung mit Hilfe des Diagnoseprotokolls verwendet werden, um abzuschätzen, ob der Einsatz der gewählten Methode anwendungsspezifisch zielführend ist.

Um die Erhöhung der Buslast in fahrzeuginternen CAN-Netzwerken durch die Diagnosekommunikation berechnen zu können, sind fundierte Kenntnisse über den Kommunikationsprozess erforderlich. Hierzu wurde bereits in Kapitel 3.2.3 der durch UDS in Verbindung mit ISO-TP erzeugte Kommunikationsverlauf für ausgewählte Datenerfassungsdienste dargestellt.

Zur Steigerung der Effizienz und damit der Signalqualität hinsichtlich der Datenrate wird auch die Möglichkeit der Parallelisierung der Kommunikation mit mehreren Steuergeräten einer verteilten Funktion in die arithmetische Betrachtung einbezogen.

4.4.1 Funktionen zur Berechnung der Busauslastung durch die Diagnose-Kommunikation

Ausgehend von der Funktion zur Berechnung der erzeugten Buslast eines zyklisch gesendeten Standard-CAN-Frame lassen sich bei Kenntnis des Ablaufs der Off-Board-Kommunikation die Gleichungen zur Berechnung der Buslasterhöhung durch die Off-Board-Diagnose auf fahrzeuginternen CAN-Netzwerken herleiten. Dies erfolgt zunächst unter der Annahme, dass die Anfrage vom Diagnosetool an das Steuergerät (Request[2]) und die Antwort vom Steuergerät an das Diagnosetool (Response[3]) jeweils nur aus einer CAN-Nachricht mit maximal 8 Datenbytes in der Payload besteht, wie in [52] definiert. Damit entfällt zunächst die Notwendigkeit, Übertragungsmechanismen wie das ISO-TP-Protokoll nach [37] zu berücksichtigen. Anschließend wird in Kapitel 4.4.1.2 der Mechanismus zur Übertragung von mehr als 8 Datenbytes in einer Diagnose-Botschaft mittels ISO-TP-Protokoll mit in die arithmetische Betrachtung einbezogen.

[2] Die vom Tester gesendeten Diagnose-Anfrage.

[3] Diagnose-Antworten des Steuergerätes.

4.4.1.1 Request/Response bestehend aus einem CAN-Frame

Zur Ableitung der Berechnungsfunktion für die erzeugte mittlere Buslast bei zyklischer Diagnosekommunikation mittels ISO-TP-Single-Frame muss zunächst der Sendezyklus T_{send} nach [45] bestimmt werden.

Da bei Verwendung der physikalischen Adressierung zur Datenabfrage bei der Diagnosekommunikation der CAN-Bus durch die Requests und die zugehörigen Responses zusätzlich belastet wird, wird folgende Annahme getroffen:

- Eine „Buslasterhöhende Botschaft" ist eine Anfrage mit der dazugehörigen Antwort.

Daraus ergibt sich die Definition des mittleren Sendezyklus als gemittelte Zeit zwischen Request und Response in Abhängigkeit vom Abfragezyklus, da von Seiten des Diagnosetools nur der Abfragezyklus bestimmt werden kann. Da es für die Erhöhung der Buslast unerheblich ist, wann die Response vom Steuergerät auf den CAN-Bus gelegt wird, sondern nur relevant ist, in welchem Zyklus die Response-Nachricht gesendet wird, wird von folgender Annahme ausgegangen:

- Die Response vom Steuergerät wird unmittelbar nach der Request-Botschaft vom Diagnosetester auf den CAN-Bus gelegt.
- Die Response-Botschaft wird innerhalb der Zykluszeit der Request-Botschaft gesendet.

Die Sendezeit des antwortenden Steuergeräts $T_{send,Diag,rx}$ entspricht somit dem Abfragezyklus des Diagnosetesters $T_{send,Diag,tx}$ nach

$$T_{send,Diag,tx} = T_{send,Diag,rx} \qquad \text{Gl. 4.1}$$

Mit $f_{send,Diag} = f_{send,Diag,tx} + f_{send,Diag,rx} = 2 * f_{send,Diag,tx}$ und $T_i = \frac{1}{f_i}$

kann als Annäherung für den Sendezyklus T_{send} dieser festgelegt werden als

$$T_{send} = \frac{1}{2} * T_{send,Diag,tx} \qquad \text{Gl. 4.2}$$

Als Messzyklus T_{Mess} wird die Zeit definiert, in der alle m Daten einzeln abgefragt werden, wobei innerhalb eines Messzyklus jeder Messwert nur einmal abgefragt wird. Innerhalb eines Messzyklus werden $2 * m$ Botschaften (Request & Response) unterschiedlicher Länge ausgetauscht. Daraus folgt

$$T_{Mess} = m * T_{send,Diag,tx} = m * 2 * T_{send} \qquad \text{Gl. 4.3}$$

Aus Gl. 4.3 kann der Sende-Zyklus in Abhängigkeit vom Messzyklus nach

$$T_{send} = \frac{1}{m * 2} T_{Mess} \qquad \text{Gl. 4.4}$$

bestimmt werden.

Zur Berechnung der mittleren Buslasterhöhung $\overline{\Delta B_{Bus,Diag,k}}$ durch zyklische Messwertabfrage mittels Diagnosekommunikation muss der Mittelwert der Frameübertragungszeit $\overline{T_{Frame,Diag,k}}$ für allen CAN-Botschaften berechnet werden. Für die mittlere Buslasterhöhung gilt für die Annahme, dass bei der Diagnose-Kommunikation mit einem Fahrzeugsteuergerät *k* nur „Single-Frames" verwendet werden nach Gl. 3.1 mit Gl. 3.2

$$\overline{\Delta B_{Bus,Diag,k}} = \frac{\overline{T_{rame,Diag,k}}}{T_{send,Diag,k}} = \frac{T_{Bit} * \overline{l_{Frame,Diag,k}}}{T_{send,Diag,k}} \qquad \text{Gl. 4.5}$$

Dabei ist $\overline{l_{Frame,Diag,k}}$ die mittlere Frame-Länge der Diagnose-Botschaften die zwischen Diagnose-Tester und Steuergerät k ausgetauscht werden. Diese kann nach

$$\overline{l_{Frame,Diag,k}} = \frac{1}{2 * m_k} * \sum_{i=1}^{m_k} \left(111 + 10 * \left(n_{Data,tx,i} + n_{Data,rx,i}\right)\right) \qquad \text{Gl. 4.6}$$

bestimmt werden.

Aus Gl. 4.5 und Gl. 4.6 folgt für die Berechnung der mittleren Buslasterhöhung durch die Diagnose-Kommunikation $\overline{\Delta B_{Bus,Diag,k}}$

$$\overline{\Delta B_{Bus,Diag,k}} = \frac{T_{Bit}}{T_{send,Diag,k}} * \frac{1}{2 * m_k} * \sum_{i=1}^{m_k} \left(111 + 10 * \left(n_{Data,tx,i} + n_{Data,rx,i}\right)\right) \qquad \text{Gl. 4.7}$$

Zu beachten ist, dass die Anwendung dieser Gleichung voraussetzt, dass eine Diagnose-Botschaft in Form von ISO-TP Single-Frames immer aus einem Request-Response-Paar besteht.

Findet eine parallele Kommunikation mit mehreren Steuergeräten statt, summiert sich die Busauslastung über alle Steuergeräte. Dabei gilt ausgehend von Gl. 4.7 für die gesamte mittlere Buslasterhöhung bei paralleler Kommunikation mit allen Steuergeräten mittels Single-Frames:

$$\overline{\Delta B_{Bus,Diag}} = \sum_{k=1}^{n_{Ecus}} \overline{\Delta B_{Bus,Diag,k}} = \sum_{i=1}^{n_{Ecu}} \left(\frac{T_{Bit}}{T_{send,k}} * \overline{l_{Frame,Diag,k}}\right) \qquad \text{Gl. 4.8}$$

mit $\overline{l_{Frame,Diag,k}}$ nach Gl. 4.6. n_{Ecus} ist dabei die Anzahl der Steuergeräte, mit denen kommuniziert wird.

4.4.1.2 *Request/Response bestehen aus mehreren CAN-Frames*

Im Gegensatz zur Betrachtung der Diagnosekommunikation mit Single-Frames werden bei Diagnosebotschaften in Form von Multi-Frames alle Nachrichten betrachtet, die gemäß ISO-TP-Protokoll in einzelne CAN-Frames segmentiert sind. Eine Diagnosebotschaft kann somit aus mehreren CAN-Nachrichten bestehen. Im Folgenden wird der Begriff Diagnose-Nachricht als Oberbegriff für Diagnose-Requests und Diagnose-Responses definiert. Weiter gilt:

- Als Polling-Zyklus[4] T_{poll} wird die Zeit definiert, in der alle m Messwerte abgefragt werden, wobei innerhalb eines Messzyklus jeder Messwert nur einmal abgefragt wird.
- Als mittlerer Sendezyklus $\overline{T_{send,Diag}}$ wird die mittlere Zeit zwischen allen CAN-Frames definiert, die zwischen zwei im Polling-Zyklus gesendeten Diagnose-Requests gesendet werden. Dies schließt alle Request- und Response-Frames ein, die innerhalb eines Polling-Zyklus über den CAN-Bus ausgetauscht werden, da nur der Polling-Zyklus vom Tester festgelegt werden kann.

Für die Erhöhung der mittleren Buslast ist der Zeitpunkt, zu dem die Diagnose-Response vom Steuergerät auf den CAN-Bus gelegt wird, nicht relevant, sondern nur der Zyklus, in dem die Response-Nachricht gesendet wird. Daher kann von folgender Annahme ausgegangen werden:

- Die Response Botschaft vom Steuergerät wird unmittelbar nach der Request-Botschaft von Diagnosetester auf den CAN-Bus gelegt.
- Die Response-Botschaft wird innerhalb der Zykluszeit der Request-Botschaft gesendet.

Bei der Diagnosekommunikation zwischen einem Diagnosetool und den Fahrzeugsteuergeräten werden zur Übertragung von mehr Datenbytes, als in einer CAN-Nachricht übertragen werden können, Transportprotokolle verwendet. Diese legen fest, wie die gesamte Diagnosebotschaft in einzelne CAN-Frames aufgeteilt wird.

Dabei gilt bei ISO-TP unter Berücksichtigung einer normalen physikalischen Adressierung:

- Mit dem Firstframe werden die ersten 6 Nutzdaten gesendet. Die ersten beiden Bytes enthalten die Protokollinformation des Firstframes (Gesamtzahl der Nutzdaten = 8 Bytes).
- Nach dem First-Frame des Senders folgt eine Flow-Control des Empfängers. Diese Nachricht enthält als Nutzdaten drei Bytes Protokollinformationen.

[4] Zeitlicher Abstand zwischen zwei aufeinanderfolgende Diagnose-Requests.

- Auf den Flow-Control-Frame folgen der/die Consecutive-Frame(s). Diese enthalten
    a. Im ersten Nutzdatenbyte die Protokoll-Information
    b. In den restlichen Nutzdatenbytes die eigentlichen Nutzdaten (bis zu 7 Bytes),

Beim Senden einer Multi-Frame-Diagnose-Botschaft mittels ISO-TP werden $n_{Frames,ges}$ CAN-Botschaften auf dem CAN-Bus gesendet. Die Anzahl $n_{Frames,ges}$ hängt dabei von der Anzahl der zu versenden Nutzdaten n_{Data} je Diagnose-Botschaft ab. Für $n_{Data} > 7$ [5] gilt dann

$$n_{Frames,ges} = n_{FF} + n_{FC} + n_{CF}, n_{Frames,ges} \geq 3 \quad \text{Gl. 4.9}$$

Wobei gilt:

- $n_{FF} = Anzahl\ First - Frames = 1$
- $n_{FC} = Anzahl\ Flow - Control - Frames \geq 1$
- $n_{CF} = Anzahl\ Consecutive - Frames = n_{CF,full} + n_{CF,rest} \geq 1$

Daraus folgt für die Gesamtzahl der gesendeten CAN-Frames durch eine Diagnosebotschaft

$$n_{Frames,ges} = 1 + n_{FC} + n_{CF,full} + n_{CF,rest} \quad \text{Gl. 4.10}$$

mit $n_{CF,full} = \mathbb{Z}$ und $n_{CF,rest} = [0,1]$.

Die Anzahl der „vollen“ Consecutive Frames $n_{CF,full}$ lässt sich aus folgender Ganzzahldivision bestimmen

$$n_{CF,full} = \left(\frac{(n_{Data} - n_{Data,FF})}{n_{Data,CF}} \right) \quad \text{Gl. 4.11}$$

mit $n_{Data,FF} = 6$ und $n_{Data,CF} = 7$

[5] Für $n_{Data} \leq 7$ werden bei ISO-TP Single-Frames verwendet

Für die Anzahl der „Rest“-Consecutive-Frames $n_{CF,rest}$ muss die Anzahl der restlichen Datenbytes $n_{Data,Rest}$ bestimmt werden, die mit einem weiteren Consecutive-Frame gesendet werden können. Hierfür gilt

$$n_{Data,Rest} = (n_{Data} - 6) - (7 * n_{CF,full}) \quad \text{Gl. 4.12}$$

Daraus ergibt sich die Anzahl der „Rest“-Consecutive-Frames $n_{CF,rest}$ zu

$$n_{CF,rest} = \begin{cases} 0 \; für \; n_{Bytes,rest} = 0 \\ 1 \; für \; n_{Bytes,rest} > 0 \end{cases} \quad \text{Gl. 4.13}$$

Die in Gl. 4.10 benötigte Anzahl der Flow-Control-Frames hängt davon ab, wie viele Consecutive-Frames nach einem Flow-Control Frame gesendet werden, bevor ein weiterer Flow-Control-Frame gesendet werden muss.

Dabei gilt

$$n_{FC,ges} = n_{FC,Z} + n_{FC,rest} \quad \text{Gl. 4.14}$$

mit

- $n_{FC,rest} = \begin{cases} 0 \; für \; n_{Frames,cf,rest} = 0 \\ 1 \; für \; n_{Frames,cf,rest} > 0 \end{cases}$
- $n_{FC,Z} = \left(\frac{n_{Frames,cf}}{n_{Frames\;pro\;FC}} \right), n_{FC,Z} = \mathbb{Z}$
- $n_{Frames,cf} = \left(\frac{(n_{Data}-6)}{7} \right) + \begin{cases} 0 \; für \; n_{Bytes,rest} = 0 \\ 1 \; für \; n_{Bytes,rest} > 0 \end{cases}$

Die gesamte Anzahl der CAN-Botschaften, die bei der Messwert-Abfrage mittels Diagnose-Protokoll in Form von Multi-Frames gesendet werden, muss bei der Berechnung des mittleren Sendezyklus $\overline{T_{send,Diag}}$ der CAN-Botschaften berücksichtigt werden. Dies gilt jeweils für den Diagnose-Request und die Diagnose-Response. Die Berücksichtigung erfolgt in Abhängigkeit vom Polling-Zyklus T_{poll}, da nur dieser vom Diagnose-Werkzeug festgelegt werden kann. Hierfür gilt

$$T_{poll} = n_{Frames,ges,tx} * \overline{T_{send,Diag}} + n_{Frames,ges,rx} * \overline{T_{send,Diag}} \quad \text{Gl. 4.15}$$

Aus Gl. 4.15 kann der mittlere Sendezyklus $\overline{T_{send,Diag}}$ in Abhängigkeit des Polling-Zyklus T_{poll} berechnet werden nach

$$\overline{T_{send,Diag}} = \frac{T_{poll}}{n_{Frames,ges,tx} + n_{Frames,ges,rx}} \qquad \text{Gl. 4.16}$$

Die Abschätzung der mittleren Busauslastung durch die Diagnose-Kommunikation mittels Multi-Frames nach Gl. 3.1 kann dann mit

$$\overline{B_{Bus,Diag}} = \frac{1}{\sum_{i=1}^{m_k}(1+n_{FC,tx,i}+n_{CF,full,k,tx}+n_{CF,rest,i,tx})+(1+n_{FC,rx,i}+n_{CF,full,i,rx}+n_{CF,rest,i,rx})} * \frac{T_{Bit}}{\overline{T_{send,Diag}}} * \sum_{i=1}^{m_k}\Big(\big(l_{Frame,FF,tx,i} + n_{FC,tx,i} * l_{Frame,FC,tx,i} + n_{CF,full,tx,i} * l_{Frame,CF,full,tx,i} + n_{CF,rest,tx,i} * l_{Frame,CF,rest,tx,i}\big) + \big(l_{Frame,FF,rx,i} + n_{FC,rx,i} * l_{Frame,FC,rx,i} + n_{CF,full,rx,i} * l_{Frame,CF,full,rx,i} + n_{CF,rest,rx,i} * l_{Frame,CF,rest,rx,i}\big)\Big) \qquad \text{Gl. 4.17}$$

erfolgen. Für die Botschaftslängen der einzelnen ISO-TP Botschaften gilt unter Berücksichtigung der Stuff-Bits:

$$l_{Frame,FF} = \left(\frac{\left(34 + 8\frac{Bit}{Byte} * n_{Data,FF}\right)}{4} + 47 + 8\frac{Bit}{Byte} * n_{Data,FF}\right) \qquad \text{Gl. 4.18}$$

$$l_{Frame,FC} = \left(\frac{\left(34 + 8\frac{Bit}{Byte} * n_{Data,FC}\right)}{4} + 47 + 8\frac{Bit}{Byte} * n_{Data,FC}\right) \qquad \text{Gl. 4.19}$$

$$l_{Frame,CF,full} = \left(\frac{\left(34 + 8\frac{Bit}{Byte} * n_{Data,CF,full}\right)}{4} + 47 + 8\frac{Bit}{Byte} * n_{Data,CF,full}\right) \qquad \text{Gl. 4.20}$$

$$l_{Frame,CF,rest} = \left(\frac{\left(34 + 8\frac{Bit}{Byte} * n_{Data,CF,rest}\right)}{4} + 47 + 8\frac{Bit}{Byte} * n_{Data,CF,rest}\right) \quad \text{Gl. 4.21}$$

Mit $n_{Data,FF} = 8$ Bytes , $n_{Data,FC} = 3$ Bytes, $n_{Data,CF,full} = 8$ Bytes, $n_{Data,CF,rest} = (n_{Data,Rest} + 1)$ folgt für die Botschaftslänge der ISO-TP-Botschaften

$$l_{Frame,FF} = 135{,}5\ Bits$$

$$l_{Frame,FC} = 85{,}5\ Bits$$

$$l_{Frame,CF,full} = 135{,}5\ Bits$$

wodurch Gl. 4.17 vereinfacht werden kann zu

$$\overline{B_{Bus,Diag}} = \frac{1}{\sum_{i=1}^{m_k}(1+n_{FC,tx,i}+n_{CF,full,k,tx}+n_{CF,rest,i,tx})+(1+n_{FC,rx,i}+n_{CF,full,i,rx}+n_{CF,rest,i,rx})} * \frac{T_{Bit}}{T_{send,Diag}} * \sum_{i=1}^{m_k}\left(\left(271Bit + (n_{FC,tx,i} + n_{FC,rx,i}) * 85{,}5Bit + (n_{CF,full,tx,i} + n_{CF,full,rx,i}) * 135{,}5Bit + n_{CF,rest,tx,i} * \left(8\frac{1}{2} + 2 * n_{Data,CF,rest,tx,i} + 47 + 8 * n_{Data,CF,rest,tx,i}\right) + n_{CF,rest,rx,i} * \left(8\frac{1}{2} + 2 * n_{Data,CF,rest,rx,i} + 47 + 8 * n_{Data,CF,rest,rx,i}\right)\right)\right)$$

Gl. 4.22

mit $n_{Data,CF,rest,tx/rx,i} = n_{Data,Rest.tx/rx,i} + 1$

Findet eine parallele Kommunikation mit allen beteiligten Steuergeräten statt, summiert sich die Busauslastung über alle n_{ECU}s. Dabei gilt für die mittlere Buslasterhöhung:

$$\overline{\Delta B_{Bus,Diag}} = \sum_{k=1}^{n_{Ecus}} \overline{B_{Bus,Diag,k}} = \sum_{i=1}^{n_{Ecu}} \left(\frac{T_{Bit}}{\overline{\overline{T_{send,k}}}} * \overline{l_{Frame,k}} \right) \qquad \text{Gl. 4.23}$$

mit $n_{Ecus} = Anzahl\ der\ ECU\ mit\ denen\ kommuniziert\ wird$

und der mittleren Länge der CAN-Botschaften $\overline{l_{Frame,k}}$ mit dem Steuergerät k nach

$$\overline{l_{Frame,k}} = \frac{1}{\sum_{i=1}^{m_k} (1+n_{FC,tx,i}+n_{CF,full,k,tx}+n_{CF,rest,i,tx})+(1+n_{FC,rx,i}+n_{CF,full,i,rx}+n_{CF,rest,i,rx})} * \sum_{i=1}^{m} \Big(271 + 85{,}5 * (n_{FC,tx,i} + n_{FC,rx,i}) + 135{,}5 * (n_{CF,full,tx,i} + n_{CF,full,rx,i}) + n_{CF,rest,tx,i} * \left(8\frac{1}{2} + 2 * n_{Data,CF,rest,tx,i} + 47 + 8 * n_{Data,CF,rest,tx,i}\right) + n_{CF,rest,rx,i} * \left(8\frac{1}{2} + 2 * n_{Data,CF,rest,rx,i} + 47 + 8 * n_{Data,CF,rest,rx,i}\right) \Big)$$

Gl. 4.24

5 Methode für die Messdatenerfassung im dynamischen Fahrzeugbetrieb

5.1 Ansatz und Ziele des Verfahrens

Zur Realisierung einer sicheren, effizienten und herstellerunabhängigen fahrzeugexternen Messdatenerfassung im dynamischen Fahrzeugbetrieb ist es erforderlich, Signalverläufe fahrzeugintern und in Echtzeit mit ausreichender Auflösung erfassen zu können, ohne die Funktionen der Fahrzeugsysteme und des Fahrzeugs selbst zu beeinflussen oder gar zu stören.

Bei der fahrzeugexternen Messdatenerfassung mittels Off-Board-Kommunikationsprotokolle sind vor allem die beiden Begriffe „Sicherheit" und „Effizienz" zu beachten. Der Begriff Sicherheit beschreibt einen Zustand, der frei von Risiken und Gefahren ist. Der Begriff Effizienz beschreibt das Verhältnis von Aufwand und Ertrag. Die Effizienz ist umso höher, je geringer der Aufwand ist, um ein Ziel zu erreichen. Hohe Effizienz liegt vor, wenn ein vorgegebenes Ziel mit möglichst geringem Aufwand erreicht wird.

Übertragen auf die Messdatenerfassung bedeutet Effizienz, ein wert- und zeitkontinuierliches Signal mit möglichst geringer Abtastrate zu erfassen. Dennoch muss eine fehlerfreie Rekonstruktion des analogen Signals möglich sein. Werden Signale von Fahrzeugsteuergeräten mittels Off-Board-Kommunikation erfasst, bedeutet hohe Effizienz auch hohe Sicherheit, da die Häufigkeit des damit verbundenen Nachrichtenaustauschs den größten Einfluss auf die Busauslastung der Fahrzeugnetzwerke hat. Je niedriger die Abtastrate ist, desto höher ist die Effizienz und die Sicherheit.

Eine „effiziente Messdatenerfassung" im Kraftfahrzeug mittels Off-Board-Kommunikation ist demnach dadurch definiert, dass die Signalerfassung so gestaltet ist, dass die Buslasterhöhung durch die von außen aufgeprägte Kommunikation auf den fahrzeuginternen Netzwerken möglichst gering ist. Um dies zu erreichen, sind folgende Anforderungen an die Signalerfassung mittels fahrzeugexterner Kommunikation im dynamischen Fahrzeugbetrieb zu stellen:

A. Heinz, *Nutzung der Fahrzeug-Schnittstelle zur Datenerfassung im dynamischen Fahrzeug-Betrieb*, Wissenschaftliche Reihe Fahrzeugtechnik Universität Stuttgart,
https://doi.org/10.1007/978-3-658-44166-1_5

- Die tatsächliche Abtastrate für die fahrzeugseitige Erfassung kontinuierlicher Signale muss das Nyquist-Shannon-Abtasttheorem erfüllen.
- Die Sampling-Frequenz für die Off-Board-Kommunikation muss das Nyquist-Shannon-Abtasttheorem erfüllen.
- Die Erhöhung der Buslast durch die Off-Board-Kommunikation darf die Buslast auf den fahrzeuginternen Netzwerken nur so weit erhöhen, dass die Echtzeitfähigkeit für den Informationsaustausch zwischen den Fahrzeugsystemen weiterhin gewährleistet ist.

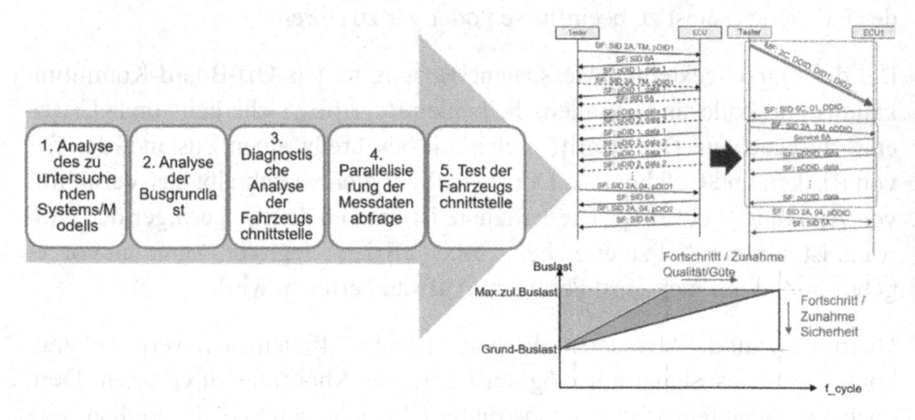

Abbildung 5.1: Prinzipdarstellung des Verfahrens

Mit dem folgenden Verfahrensansatz soll eine Methode zur Signalerfassung im dynamischen Fahrzeugbetrieb identifiziert und realisiert werden, die die oben genannten Anforderungen erfüllt. Das Verfahren gliedert sich in folgende Schritte:

- Schritt 1: Analyse des zu untersuchenden Systems
- Schritt 2: Analyse der Busgrundlast
- Schritt 3: Methodische Analyse der Fahrzeugschnittstelle
- Schritt 4: Identifikation der Methode für die Messdatenerfassung und Parallelisierung der Kommunikation mit mehreren Steuergeräten
- Schritt 5: Abschätzung der Off-Board-Kommunikation
- Schritt 6: Test der Fahrzeugschnittstelle

Ziel des Verfahrens ist es, aus der aufgezeigten endlichen Menge von Methoden zur off-board-gestützten Signalerfassung mittels des Diagnoseprotokolls UDS die am besten geeignete Methode und die damit verbundenen Parameter zu identifizieren.

Weitere Ziele sind

- die Abschätzung der Machbarkeit des Diagnoseprojekts,
- die Erhöhung der Effizienz der Signalerfassung durch Parallelisierung der Kommunikation mit allen relevanten Systemen im Fahrzeug und
- die Erhöhung der Fahrzeugsicherheit bei der Datenerfassung durch Minimierung der Grundlast des Busses durch externe Kommunikation mit den relevanten Fahrzeugsystemen,

um einen risikofreien Einsatz im dynamischen Fahrzeugbetrieb zu ermöglichen. Im Vordergrund steht dabei die herstellerunabhängige Erfassung von Signalverläufen für den Einsatz im Bereich der Forschung und Entwicklung sowie der Fahrzeugerprobung an Serienfahrzeugen.

Die Anwendung im dynamischen Fahrzeugbetrieb wird durch die Optimierung und Begrenzung der relevanten Parameter Abtastrate bzw. Sampling-Frequenz und zu übertragende Datenmenge durch die aus dem Verfahren resultierende Messdatenerfassungsmethode ermöglicht. Diese Parameter haben den größten Einfluss auf die fahrzeuginterne Kommunikation zwischen den verschiedenen Systemen.

Abbildung 5.2 zeigt eine schematische Darstellung der drei gebräuchlichsten Messdatenerfassungsmethoden im Fahrzeug im Vergleich mit der Zielmethode. Die Darstellung erfolgt in einem Diagramm, in dem die zeitliche Auflösung bzw. die Datenmenge auf der x-Achse und die Busauslastung auf der y-Achse aufgetragen werden. Diese Darstellung ermöglicht eine Einordnung der verschiedenen Verfahren und eine Visualisierung von Verfahrenskonflikten. Bei den Verfahren, die eine zusätzliche Kommunikationslast erzeugen, hängt die daraus resultierende Buslast von den zwei Faktoren

- Anzahl der zu übertragenden Datenbytes (Länge der Frames und Anzahl der Frames) und
- Verhältnis zwischen dem Sendezyklus und der Baudrate

ab. Dies geht auch aus den Gleichungen zur Berechnung der Buslast hervor.

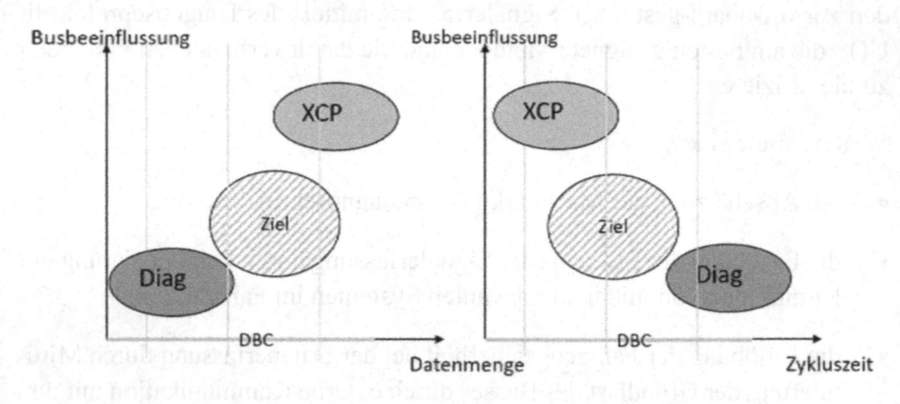

Abbildung 5.2: Einordnung der Datenerfassungsmethoden in Abh. von Datenmenge und Zykluszeit

Zur Steigerung der Effizienz sind folgende Aspekte zu berücksichtigen:

- Die gleichzeitige Abfrage mehrerer Steuergeräte,
- die Reduzierung des Kommunikationsaufkommens durch den Einsatz des Multi-DID-Konzepts und
- die Nutzung der Kombinationsmöglichkeiten der UDS-Dienste aus der Gruppe für die Datenerfassung zur Minimierung des zusätzlichen Kommunikationsaufwandes durch das externe Tool, unter Berücksichtigung der durch den Standard vorgegebenen Randbedingungen sowie des Implementierungsstandes des UDS-Protokolls in den Steuergeräten des Fahrzeugs.

Eine detaillierte Betrachtung der Verfahrensschritte und die Darstellung der relevanten Aspekte erfolgt in den folgenden Unterkapiteln.

5.2 Analyse des zu untersuchenden Systems

Der erste Verfahrensschritt bezieht sich auf das zu prüfende Fahrzeugsystem oder die zu diagnostizierende Fahrzeugkomponente. Dabei wird zunächst festgelegt, welche Daten von welchem System mit welcher Abtastrate erfasst werden sollen. Auf diese Weise können die Messgrößen identifiziert werden, die eine genaue Aussage über den Zustand des zu untersuchenden Systems erlauben. Soll z.B. eine modellbasierte Systemanalyse durchgeführt werden, müssen Modelleingangsgrößen in Form von Messwerten identifiziert werden. Im Beispiel einer Bewertung der Traktionsbatterie eines Elektrofahrzeugs sind dies die wesentlichen Messgrößen Strom, Spannung und Temperatur der Traktionsbatterie. Weiterhin sind die Ausgangsgrößen des zu untersuchenden Systems zu ermitteln, die eine Aussage darüber erlauben, ob ein System noch ordnungsgemäß und fehlerfrei funktioniert. Im Beispiel der Bewertung einer Traktionsbatterie ist dies der Gesundheitszustand (State of Health, SOH).

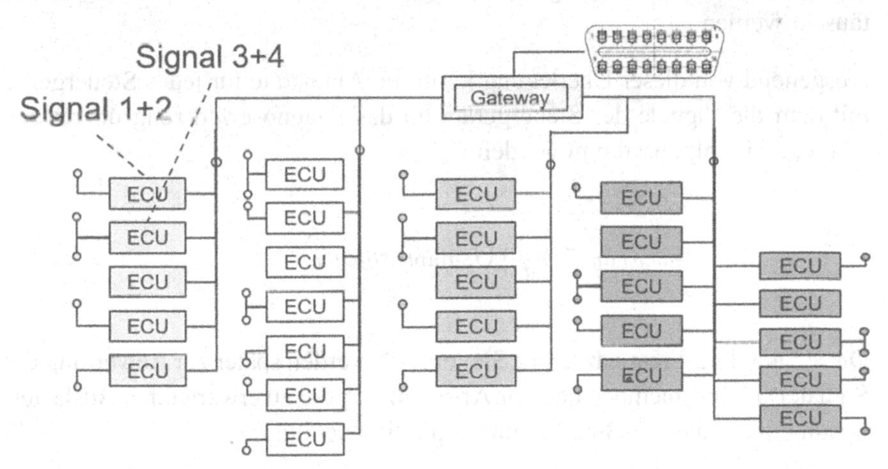

Abbildung 5.3: Darstellung der Identifikation der notwendigen Signale

Nach erfolgreicher Identifikation der Ein- und Ausgangsgrößen können diese im Detail untersucht werden, um aus der resultierenden Signalanalyse die erforderliche Abtastrate und die Sampling-Frequenz für die Off-Board-Kommunikation zu bestimmen. Diese bestimmt in Abhängigkeit von der Methode der Signalerfassung die zusätzliche Belastung des fahrzeuginternen Netzwerks. Begrenzende Faktoren für die Festlegung der Sampling-Frequenz sind hierbei das Abtasttheorem nach Nyquist sowie die Grundbuslast im Fahrzeugbetrieb.

Die Abtastung analoger Eingangssignale für Regelungs- und Steuerungsaufgaben im Kraftfahrzeug erfolgt, wie in Abschnitt 3.2 dargestellt, durch die Steuergeräte selbst. Bei Nutzung der Off-Board-Kommunikation zur Signalerfassung ergibt sich ein diskreter Signalverlauf mit reduzierten Stützstellen des abgetasteten wertkontinuierlichen Signals, bei dem das Abtasttheorem eingehalten werden muss.

Die Sampling-Frequenzen der zu erfassenden Signale beeinflussen die in Gl. 4.8 und Gl. 4.23 enthaltenen Sendezyklen T_{send} für die Berechnung der Buslasten durch die Diagnose-Kommunikation. Zur Vereinfachung der Buslast-Schätzung beim Austausch aller Signale zwischen einem Steuergerät und dem Off-Board-Werkzeug, wird angenommen, dass alle Signale von einem Steuergerät über ein Request-Response-Paar an das Werkzeug übertragen werden. Ziel dieses Verfahrensschrittes ist es daher, aus der Menge aller Sampling-Frequenzen der abzutastenden Signale eines Steuergerätes die Kleinste zu ermitteln, mit der dann alle Signale zwischen Steuergerät und Werkzeug ausgetauscht werden.

Ausgehend von dieser Überlegung kann die Abtastrate für jedes Steuergerät, mit dem die Signale des Steuergeräts an das Diagnosewerkzeug übertragen werden, wie folgt bestimmt werden

$$f_{Samp,min} = \min_{0 \leq i \leq n} \left(\bar{f}_{Sample,Signal\ i} \right) \qquad \text{Gl. 5.1}$$

Diese Sampling-Frequenzen pro Steuergerät werden später zur Bewertung der Signalerfassungsmethode und zur Abschätzung der zu erwartenden Buslasterhöhung durch die Off-Board-Kommunikation benötigt.

5.3 Analyse der Grund-Buslast

Um die maximal zulässige Buslasterhöhung für die fahrzeugexterne Signalerfassung zu bestimmen, ist eine Analyse der Grund-Buslast in den Fahrzeugnetzwerken erforderlich.

Um die Randbedingung zu erfüllen, die fahrzeuginternen Netzwerke nur so zu belasten, dass die Kommunikation auf den CAN-Bussen zwischen den Steuergeräten nicht gestört wird, müssen die Belastungen der Netzwerke berücksichtigt und eindeutig bestimmt werden. Nur mit der Kenntnis der durchschnittlich und ggf. maximal auftretenden Buslasten in den für die Signalerfassung relevanten Subnetzen ist eine sichere Auslegung der Off-Board-Kommunikation für den dynamischen Betrieb möglich. Hierzu sind spezielle Kenntnisse über die E/E-Architektur des Fahrzeugs sowie der Kommunikationsstrecke erforderlich, die herstellerspezifisches Wissen voraussetzen.

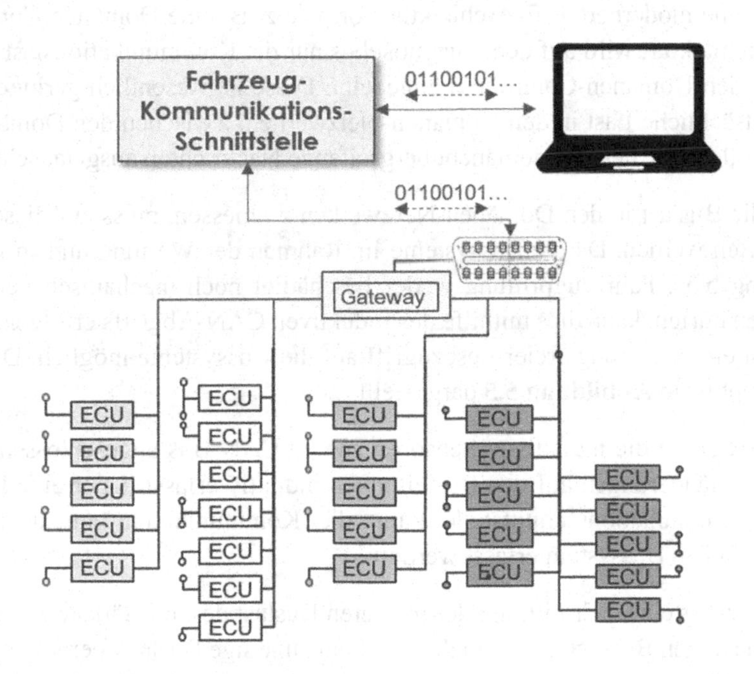

Abbildung 5.4: Prinzip der Buslast-Messung über OBD bei zentraler Gateway Architektur

Im einfachsten Fall einer E/E-Architektur in Form einer zentralen Gateway-Architektur kann über den OBD-Anschluss eine Buslastmessung erfolgen, die eine gute Abschätzung des Kommunikationsaufkommens auf den fahrzeuginternen Netzwerken erlaubt.

Voraussetzung hierfür ist die Weiterleitung der Kommunikation über das zentrale Gateway auf den Diagnosebus zur OBD-Schnittstelle. Da bei dieser Architekturform das Gateway häufig nur als Bindeglied zwischen den verschiedenen Bussystemen dient, ist dies nach heutigem Stand der Technik in vielen Serienfahrzeugen möglich.

Die Ermittlung der Buslast kann mit Analysewerkzeugen wie z.B. CANoe der Firma Vector Informatik GmbH und entsprechender Fahrzeugkommunikationsschnittstelle, die an den OBD-Stecker angeschlossen ist, gemessen werden.

Liegt eine modernere E/E-Architektur vor, wie z. B. eine Domänen-Controller-Architektur, wird auf dem Diagnosebus nur die Kommunikationslast zwischen den Domänen-Controllern angezeigt. Diese ist wesentlich geringer als die tatsächliche Last in den Domänen-Netzwerken. Zwischen den Domänen-Controllern werden nur domänenübergreifende Nachrichten ausgetauscht.

Um die Buslast in den Domänen-Netzwerken zu messen, muss auf diese zugegriffen werden. Da die Bussysteme im Rahmen der Wartung und Instandhaltung bzw. Fahrzeugprüfung weder beschädigt noch mechanisch belastet werden dürfen, kann dies mithilfe des induktiven CAN-Abgriffs erfolgen. Damit ist ein zerstörungsfreier Lesezugriff auf die Bussysteme möglich. Dieses Konzept ist in **Abbildung 5.5** dargestellt.

Dabei werden die induktiven Sensoren an den CAN-Bus angeschlossen und die Pegeländerungen auf den Busleitungen induktiv erfasst. Über eine Fahrzeugkommunikationsschnittstelle kann die Kommunikation auf dem ursprünglichen Bussystem erfasst werden.

Nach erfolgreicher Ermittlung der mittleren Buslast des am stärksten belasteten relevanten Bussystems kann die maximal zulässige Buslastüberhöhung für die Off-Board-Kommunikation bestimmt werden. Diese ist die Differenz aus der maximal zulässigen Buslast zur Sicherstellung der Echtzeitfähigkeit, die in der Regel bei 50% liegt, und der maximalen Buslast des am stärksten belasteten Bussystems gemäß

$$\bar{B}_{Diag,max} = 0{,}5 - \bar{B}_{Bus,max} \qquad \text{Gl. 5.2}$$

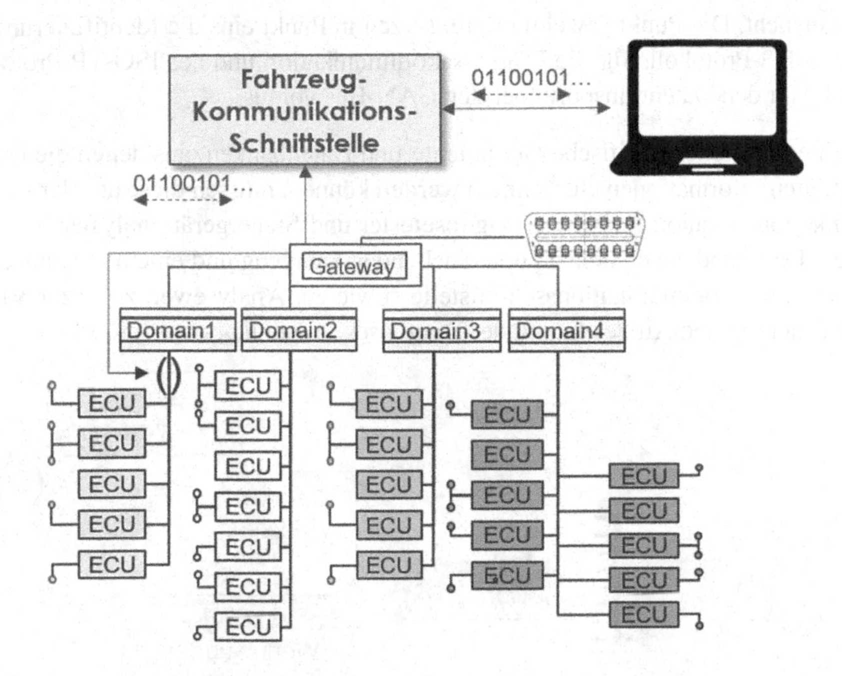

Abbildung 5.5: Prinzip der Buslast-Messung eines Domänen-Netzwerkes mit induktiven CAN-Abgriff bei einer Domain-Controller-Architektur

5.4 Methodische Analyse der Fahrzeugschnittstelle

Die diagnostische Analyse der Fahrzeugschnittstelle umfasst die Evaluierung, ob die erforderlichen Messgrößen mithilfe der Fahrzeugdiagnose erfasst werden können. Dazu wird die Fahrzeugschnittstelle hinsichtlich

- des Transport- und Diagnoseprotokolls,
- der Verfügbarkeit, Identifikation und Ermittlung der erforderlichen CAN- und Daten-Identifiers sowie
- der verfügbaren UDS-Dienste

untersucht. Die Punkte zwei und drei setzen in Punkt eins die Identifizierung des UDS-Protokolls für die Diagnosekommunikation und des ISO-TP-Protokolls für den Datentransport über den CAN-Bus voraus.

Fehlen herstellerspezifische Dokumente und Datenbanken, aus denen die benötigten Informationen entnommen werden können, müssen diese aus der Datenkommunikation zwischen Diagnosetester und Steuergerät analysiert werden. Dazu sind neben dem zu untersuchenden Fahrzeug und einem Diagnosetester eine Kommunikationsschnittstelle sowie ein Analysewerkzeug zur Visualisierung und Aufzeichnung der Diagnosekommunikation erforderlich.

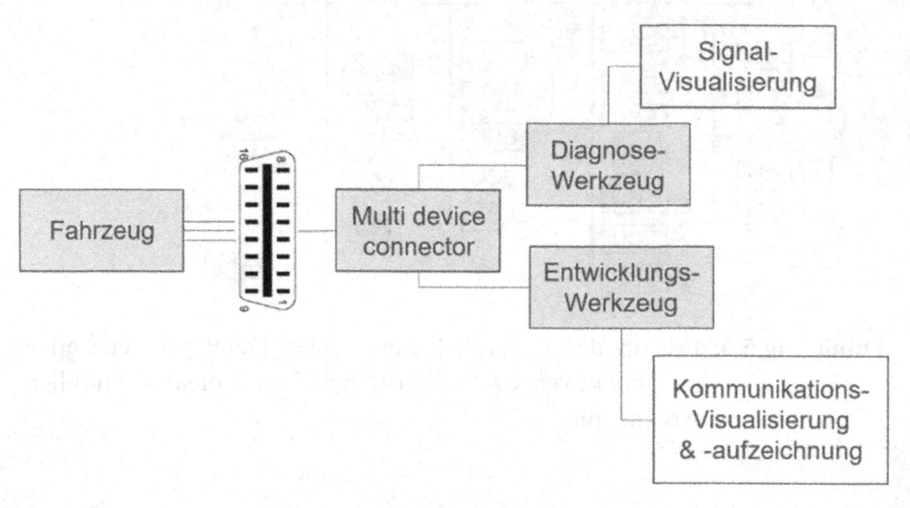

Abbildung 5.6: Schematische Darstellung des Test-Aufbaus zur Analyse der Kommunikation zwischen Fahrzeug und Diagnosewerkzeug

Die mit einem Analysewerkzeug aufgezeichnete Off-Board-Kommunikation ermöglicht die Analyse der erforderlichen Informationen und der zugehörigen Parameter. Die Aufzeichnung der Diagnosekommunikation kann mit Analysewerkzeugen für die Analyse und den Test von Fahrzeugnetzwerken wie dem Entwicklungswerkzeug CANoe der Firma Vector Informatik GmbH erfolgen. Diese ermöglichen auch eine Echtzeit-Visualisierung der Kommunikation mit Filtermöglichkeiten zur Analyse des Kommunikationsverlaufs.

Die „Identifikation des Diagnoseprotokolls“ kann in der Regel durch das Diagnosegerät selbst erfolgen. Scan-Tools sowie herstellerabhängige und -unabhängige Werkstatttester verfügen häufig über die Funktion, das von den

Steuergeräten unterstützte Diagnoseprotokoll abzufragen. Dies kann in der Regel im Tester angezeigt werden. Ist diese Möglichkeit nicht gegeben, kann das für die Off-Board-Kommunikation verwendete Protokoll direkt aus der aufgezeichneten Kommunikation ermittelt werden, indem die Aufzeichnung nach UDS-spezifischen Nachrichten analysiert wird. Eine Identifikation des UDS-Protokolls erlaubt gleichzeitig die Identifikation des ISO-TP-Protokolls als Transportprotokoll auf dem Übertragungsmedium CAN-Bus.

Um die Verfügbarkeit der notwendigen Parameter für eine optimierte Abfrage der relevanten Signale zu analysieren, wird im ersten Schritt mithilfe des Diagnosetools überprüft, ob die relevanten Signale für die Off-Board-Kommunikation zur Verfügung stehen. Parallel dazu wird die Kommunikation zwischen Diagnosetester und Fahrzeugsteuergerät mithilfe des Entwicklungswerkzeugs aufgezeichnet und in Echtzeit visualisiert. Durch die Identifikation der relevanten Signale im Diagnosetool und die Bestätigung des UDS-Protokolls als Nutzungsprotokoll für die Signalübertragung in der Live-Ansicht der Analysetools wird die fahrzeugexterne Verfügbarkeit der Signale bestätigt (**Abbildung 5.7**).

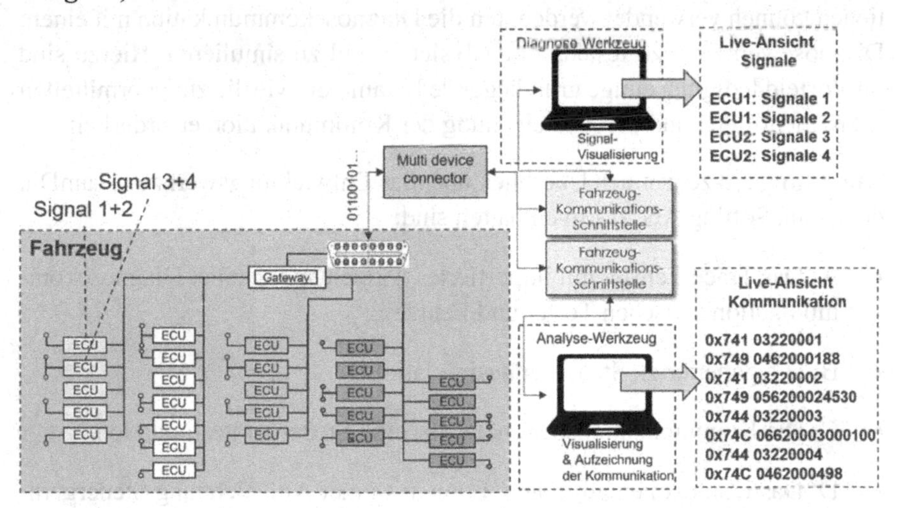

Abbildung 5.7: Schematische Darstellung der Ermittlung der für die Kommunikation notwendigen Parameter

Im zweiten Schritt werden die Parameter für die Diagnosekommunikation identifiziert. Diese werden für den Austausch von Signalen zwischen Steuergerät und Diagnosetool benötigt. Zu diesen Parametern gehören die

- Request- und Response-CAN-Identifiers zur Adressierung des Steuergerätes über die physikalische Adressierung sowie
- der Daten-Identifier für das Signal selbst.

Die für die Kommunikation mit dem Steuergerät erforderlichen CAN-Identifier können in Echtzeit direkt aus dem Analysewerkzeug entnommen werden.

Die Identifikation der für den Austausch notwendigen Diagnoseparameter, wie Service- und Parameter-Identifiers, erfolgt aus der Aufzeichnung der Diagnosekommunikation. Universelle Analysewerkzeuge wie samDia der Firma Softing AG (ehemals SamTec), die für die Entwicklung, den Test, die Simulation und die Analyse von Fahrzeugnetzwerken und Komponenten eingesetzt werden, verfügen häufig über die Funktion, aus aufgezeichneter Buskommunikation automatisiert Steuergerätesimulationen zu generieren. Diese Simulationen können verwendet werden, um die Diagnosekommunikation mit einem Diagnosewerkzeug zu testen, zu analysieren und zu simulieren. Hierzu sind im Vorfeld lediglich einige grundlegende Parameter, wie die zuvor ermittelten CAN-Identifiers, und die Aufzeichnung der Kommunikation erforderlich.

Abbildung 5.8 zeigt einen Überblick über das Entwicklungswerkzeug samDia der Firma Softing AG. Darin enthalten sind:

- A: Das Trace-Fenster mit importierter Aufzeichnung einer Diagnosekommunikation zwischen Tester und Fahrzeug
- B: Die generierten Steuergerätesimulationen
- C: Die Kommunikationsparameter für eine Steuergerätesimulation
- D: Das Kontextmenü mit der Option aus einer Aufzeichnung Steuergerätesimulationen zu generieren.

Für die Generierung der Steuergerätesimulationen aus der Aufzeichnung der Diagnosekommunikation müssen für jedes darin vorhandene Steuergerät die steuergerätespezifischen Kommunikationsparameter in separaten Parameterdateien gespeichert werden.

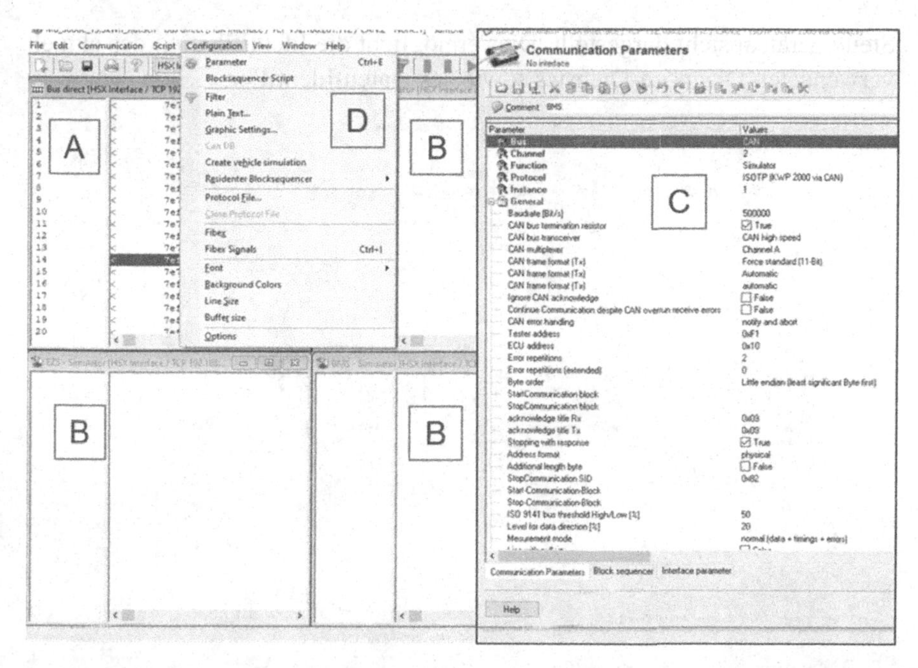

Abbildung 5.8: Entwicklungs-Tool samDia der Firma Softing AG für Analyse, Test und Simulation von Diagnose-Komponenten

Über die Option zur Generierung einer Fahrzeugsimulation im Kontextmenü „Konfiguration“ analysiert das Werkzeug den importierten Diagnose-Trace in Abhängigkeit der gespeicherten Steuergeräte-Kommunikationsparameter und generiert die Simulationen. Diese enthalten alle Request-Response-Paare aus dem Trace und können nach vollständiger Generierung der Fahrzeugsimulation erneut editiert werden (**Abbildung 5.9**).

Die Analyse der für die Signalidentifikation notwendigen Daten-Identifiers erfolgt durch den Betrieb des Diagnosewerkzeugs an der Fahrzeugdiagnosesimulation. Dies wird durch die Verfügbarkeit aller notwendigen Daten in der Simulation und die Kenntnis der Datenstruktur in Abhängigkeit vom Diagnose- und Transportprotokoll in den zwischen Diagnosewerkzeug und Steuergerätesimulation ausgetauschten Nachrichten ermöglicht.

Der Testaufbau aus Diagnosetool und Fahrzeugsimulation ermöglicht eine direkte Visualisierung der Diagnosekommunikation. Die Anfragen an die Steuergeräte sowie die zugehörigen Antworten der aktuell durch Auswahl im Diagnosetool abgefragten Signale werden in Echtzeit im Trace-Fenster und in der

Steuergeräteansicht dargestellt. Dies ermöglicht die Identifikation des aktuell verwendeten Diagnose-Dienstes sowie des Daten-Identifier.

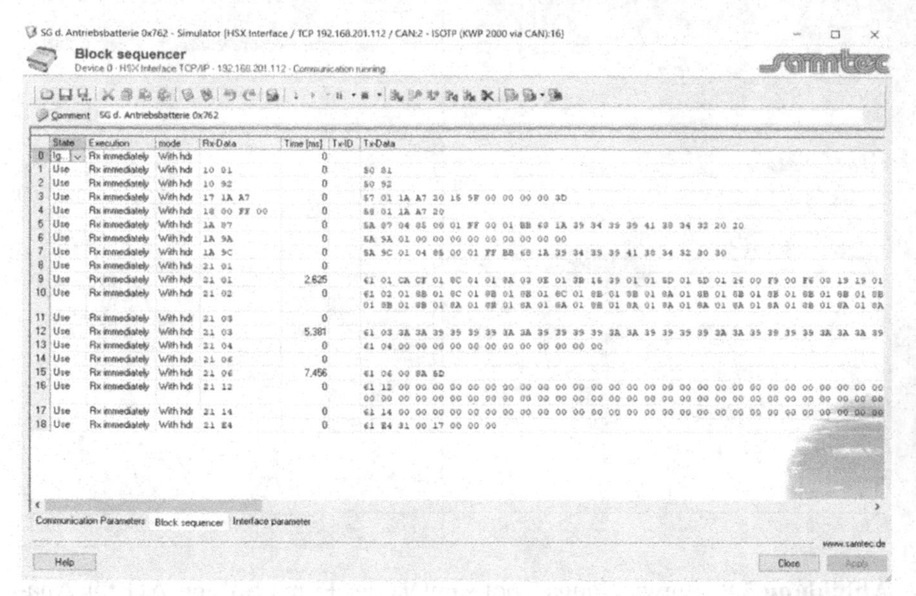

Abbildung 5.9: Beispiel einer automatisch generierten Diagnose-Konfiguration für ein simuliertes Steuergerät in der Entwicklungs-Anwendung samDia

Werden Parameter zur Identifikation der Byteposition und -länge sowie zur Berechnung des physikalischen Wertes aus der hexadezimalen Darstellung in der Payload des CAN-Frame benötigt, können diese durch geschickte Manipulation der Datenbytes im Payload der Simulation des aktuell angeforderten Datensatzes ermittelt werden. Durch Beobachtung der Wertänderung des Signals im Referenztool und Manipulation der Antwortnachricht kann die Byteposition und Bytelänge des Signals in der Antwortnachricht identifiziert werden. Weiterhin können durch geschickte Auswahl der Datenbytes des Signals in der Nutzlast die Umrechnungsparameter für die Berechnung der physikalischen Werte bestimmt werden.

Für die Optimierung der Methode zur Signalwerterfassung durch Kombination von UDS-Diensten ist noch zu prüfen, welche der UDS-Dienste aus der Gruppe für die Datenerfassung auf der Steuergeräteseite zur Verfügung stehen. Weiterhin ist zu ermitteln, in welcher Form die Daten-Identifiers für Anfragen an die Steuergeräte verwendet werden können. Darüber hinaus ist eine Analyse der verfügbaren UDS-Dienste hinsichtlich Vollständigkeit und Normkonformität erforderlich. Diese Analyse ermöglicht eine Aussage zu folgenden Fragestellungen:

- Sind mehrere Daten-Identifiers in den Anfragen erlaubt und wenn ja, gibt es eine herstellerseitige Einschränkung?
- Wird der Dienst DynamicallyDefinedDataIdentifier vom Steuergerät unterstützt?
- Wird der Dienst ReadDataByPeriodicIdentifier vom Steuergerät unterstützt? Wenn ja, in welcher Diagnosesitzung kann der Dienst verwendet werden? Ist eine Autorisierung notwendig?

Zur Identifikation der verfügbaren UDS-Dienste müssen für jedes relevante Steuergerät individuelle Testfälle mit dienstespezifischen Parametern definiert und ausgeführt werden. Werden bei diesen Tests positive oder negative Antworten vom Steuergerät erhalten, kann direkt auf die Unterstützung des jeweiligen Dienstes geschlossen werden. Bleibt eine Antwort auf eine Testanfrage an ein Steuergerät aus, müssen die Kommunikations- und Diagnoseparameter auf Gültigkeit und Plausibilität überprüft werden. Zur Bestätigung der nicht unterstützten Anforderung vom Steuergerät ist der Test mit einem alternativen Parametersatz zu wiederholen und das Ergebnis entsprechend zu bestätigen.

Das gleiche Verfahren kann verwendet werden, um die zulässige Form der Daten-Identifiers für Anfragen an Steuergeräte zu analysieren. Dazu werden Anfragen mit Daten-Identifiers, die von den Steuergeräten unterstützt werden, an die Steuergeräte gesendet. Dies erfolgt mit Multi-Data-Identifiers (Multi-DID) in Kombination mit den jeweiligen Datenerfassungsdiensten Service 22, Service 2C und Service 2A zur Analyse der Unterstützung von Multi-Data-Identifiers durch das Steuergerät.

Die Verfügbarkeit von Datenerfassungsdiensten sowie die verwendbaren Datenidentifikationsformen können in einer Matrix dargestellt werden, wie in **Abbildung 5.10** beispielhaft gezeigt wird. Dabei sind die vom Standard zugelassenen Kombinationsmöglichkeiten zu berücksichtigen. Diese Darstellungsform erlaubt gleichzeitig die Visualisierung der verfügbaren Kombinationsmöglichkeiten der relevanten UDS-Dienste und Daten-Identifier-Formen für jedes Steuergerät.

ECU 1

UDS Service	Single DID	Multi DID	DynamicallyDefine DataIdentifier
DynamicallyDefinedDataIdentiifer (Service 2C)	●	●	X
ReadDataByIdentifier (Service 22)	●	●	●
ReadDataByPeriodicIdentifier (Service 2A)	●	●	●

ECU 2

UDS Service	Single DID	Multi DID	DynymicallyDefine DataIdentifier
DynamicallyDefinedDataIdentiifer (Service 2C)	●		X
ReadDataByIdentifier (Service 22)	●		●
ReadDataByPeriodicIdentifier (Service 2A)	●		●

Abbildung 5.10: Verfügbarkeits-Matrix zur Visualisierung der Verfügbarkeit und Kombinations-Möglichkeiten von UDS-Diensten und Daten-Identifier-Formen für die Datenerfassung für zwei Steuergeräte

5.5 Vorauswahl der Methode für die Messdaten-Erfassung

Die vorliegenden Informationen aus den vorangegangenen Verfahrensschritten können zur Vorauswahl der optimierten Methode zur Messdatenerfassung über das UDS-Protokoll verwendet werden.

Ausgehend von den in Kapitel 4.4 hergeleiteten Gleichungen zur Berechnung der zusätzlichen Belastung des Transportmediums durch die Off-Board-Kommunikation ist eine Abhängigkeit der Buslast von der Anzahl der zu übertragenden Daten sowie dem zyklischen Sendeintervall zu erkennen. Die Anzahl der zu übertragenden Daten hängt von der Anzahl der benötigten Signale und deren Darstellung in der Payload der Antwortnachrichten der Steuergeräte ab. Das zyklische Sendeintervall der zwischen dem Diagnosetool und den Steuergeräten ausgetauschten Nachrichten hängt von der Anzahl der zu übertragenden Daten, der Abfrage-Frequenz sowie der verwendeten Methode zur Datenübertragung des UDS-Protokolls ab. Diese Abhängigkeit kann in der Matrix zur Visualisierung der verfügbaren Dienste und Kombinationsmöglichkeiten je Steuergerät dargestellt werden (**Abbildung 5.11**).

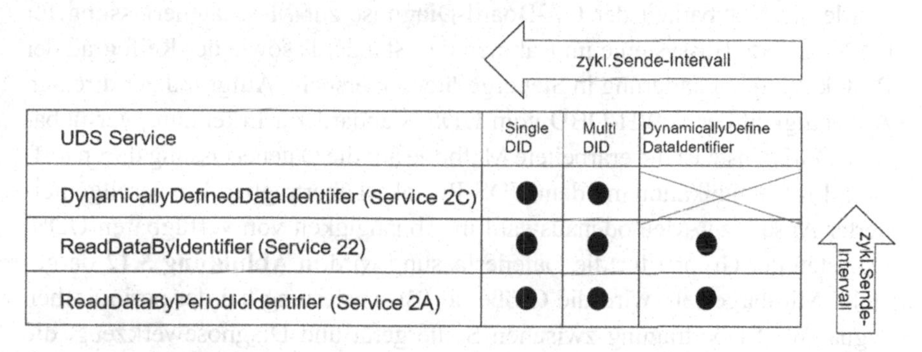

Abbildung 5.11: Verfügbarkeits-Matrix mit Darstellung der Abhängigkeit des zyklischen Sende-Intervalls

Der Dienst DynamicallyDefinedDataIdentifier nimmt eine Sonderstellung ein, da mit diesem Dienst keine Daten abgefragt werden. Er dient lediglich der Zusammenfassung von Daten zu einem Daten-Identifier, wodurch der Beginn der eigentlichen Signalübertragung vom Steuergerät zum Diagnosetool verzögert wird.

Stehen aus der vorangegangenen Analyse der Fahrzeugschnittstelle mehrere Kombinationsmöglichkeiten von UDS-Diensten je Steuergerät zur Verfügung, kann mithilfe der Matrix eine Vorauswahl für die Abschätzung der Buslast durch die Off-Board-Kommunikation und die Auslegung der Messdatenerfassungsmethode getroffen werden.

Es ist zu beachten, dass die Anzahl der in den Nachrichten zu übertragenden Daten sowie das zyklische Sendeintervall der Nachrichten direkt durch die Wahl der Methode beeinflusst werden. Bei der Anzahl der zu übertragenden Daten kommt zuzüglich zum konstanten Teil in Form von der Anzahl der Datenbytes für die Signale ein variabler Teil in Form der Protokollinformationen des ISO-TP-Protokolls hinzu.

Bei der Vorauswahl der Methode für die Datenübertragung ist die Methode zu bevorzugen, welche das kleinste Sendeintervall und den geringsten Overhead in Form von Protokollinformationen des ISO-TP-Protokolls erzeugt. Im Rahmen einer begleitenden wissenschaftlichen Arbeit [51] wurde ein Ansatz für eine Methode zur Detektion verfügbarer UDS-Dienste und deren Kombination im Rahmen von WWH-OBD-konformen Fahrzeugen erarbeitet. Weiterhin wurde die Nutzbarkeit der Off-Board-Diagnose zur Messdatenerfassung für CAN-basierte Bussysteme im Rahmen des Standards sowie der Reifegrad der Protokollimplementierung in Steuergeräten untersucht. Aufgrund der direkten Abhängigkeit der WWH-OBD vom UDS-Standard zur Erkennung verfügbarer UDS-Dienste ist die erarbeitete Methode auf die Datenerfassung durch Off-Board-Kommunikation mit dem UDS-Protokoll übertragbar. Ein verallgemeinerter Ansatz zur Methodenauswahl in Abhängigkeit von verfügbaren UDS-Diensten der Gruppe für die Datenerfassung wird in **Abbildung 5.12** dargestellt. Mit dargestellt wird die Größe der Busauslastung bei der periodischen Signal-Wert-Übertragung zwischen Steuergerät und Diagnosewerkzeug, die mit der Anzahl an verfügbaren UDS-Diensten und der damit verbundenen Kombinations-Möglichkeit abnimmt.

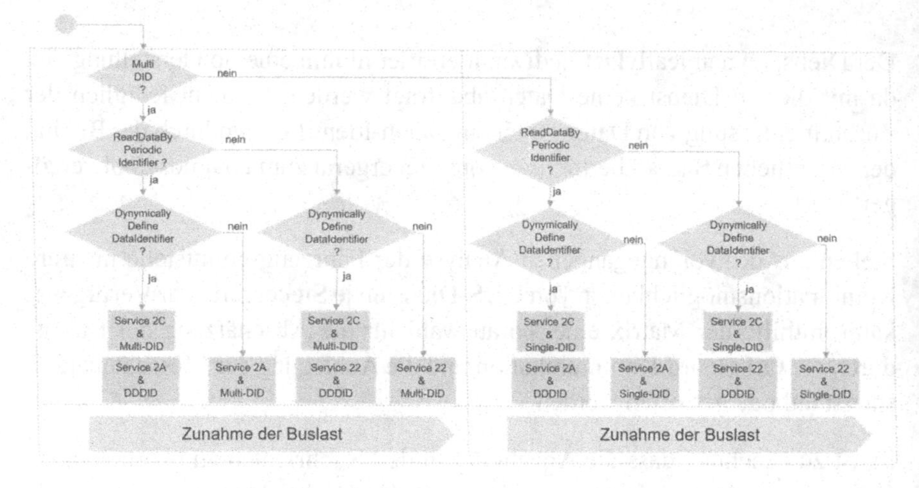

Abbildung 5.12: Schematische Darstellung der Methodenbestimmung zur Messdatenerfassung

5.6 Parallelisierung der Messdaten-Abfrage

Heutige Implementierungen von Diagnosewerkzeugen fragen bei der Messdatenerfassung von Steuergeräten diese sequentiell in großen Zyklen ab. Dies ist in der Regel nur für einzelne Steuergeräte möglich, die aktuell diagnostiziert werden. Es liegt zum einen daran, dass diese Funktion für den Einsatz im Werkstattbetrieb lediglich dazu dient, Sensorsignale hinsichtlich ihrer Werte plausibilisieren zu können. Eine Erfassung von Signalverläufen mit geringer zeitlicher Auflösung ist hierfür nicht erforderlich. Zum anderen gibt es im UDS-Standard keinen definierten Anwendungsfall und damit verbundene Anforderungen, in dem ein Diagnosetool eine Verbindung zu mehreren Steuergeräten gleichzeitig aufbaut. Hinsichtlich des Verhaltens eines Diagnose-Servers (Steuergerät) zur Kommunikation mit mehreren Diagnose-Clients (Diagnosetool) gibt es klare Anforderungen, die jedoch keine Aussage darüber treffen, ob eine Single-Client-, Multiple-Server-Kommunikation zulässig und möglich ist.

Bei der sequentiellen Abfrage einer Vielzahl von Messgrößen von mehreren Steuergeräten kann die Zykluszeit, in der alle erforderlichen Signale erfasst werden, sehr lang werden. Dies kann bei Signalverläufen mit hochfrequenten Anteilen dazu führen, dass das Abtasttheorem nicht eingehalten werden kann. Um die zeitliche Auflösung der Signale zu reduzieren, können in diesem Fall die Vorteile der in ISO-TP definierten physikalischen Adressierung genutzt werden.

Bei der physikalischen Adressierung werden im Gegensatz zur fahrzeuginternen signalbasierten Kommunikation den Kommunikationspartnern Werkzeug und Steuergerät feste Identifier zugeordnet. Dies bedeutet, dass es sich beim Einsatz der physikalischen Adressierung zwischen Werkzeug und Steuergerät um eine Punkt-zu-Punkt-Verbindung handelt. Auf diese Weise kann ein Diagnose-Client quasi-parallel mit mehreren Diagnoseservern kommunizieren.

Für eine Abschätzung der Buslast wurde bei der Herleitung der Berechnungsgleichung für die zusätzlich erzeugte Buslast durch die Off-Board-Kommunikation pro Steuergerät angenommen, dass jeder Messwert innerhalb des Messzyklus nur einmal abgefragt wird. Der in den Gleichungen auftretende Messzyklus T_{Mess} für jedes Steuergerät ist somit definiert als die Sampling-Frequenz des Signals mit der kleinsten erforderlichen Sampling-Frequenz, bei der das Abtasttheorem eingehalten werden muss.

$$f_{Mess} = \frac{1}{T_{Mess}} = \min_{0 \le i \le m} \left(f_{Sample,i} \right) \quad \text{Gl. 5.3}$$

Folglich kann durch die parallele Kommunikation bei der Messdatenerfassung mittels Off-Board-Kommunikation der Messzyklus T_{Mess} steuergeräte-individuell in Abhängigkeit von den zu erfassenden Signalen festgelegt werden. Dies erlaubt eine signaloptimierte Erfassung aller relevanten Signale, macht aber die Abschätzung relativ aufwendig.

5.7 Abschätzung der Off-Board-Kommunikation

Die Abschätzung und Bewertung der Brauchbarkeit des gewählten Messdatenerfassungsverfahrens kann, mit Hilfe der in Kapitel 4.4.1 hergeleiteten Gleichungen, durch Berechnung der durch die Signalerfassung erzeugten Buslasten erfolgen. Dazu werden die Informationen aus den vorangegangenen Verfahrensschritten benötigt.

Aus Schritt eins wird aus der Menge aller Mindest-Sampling-Raten für die Signale pro Steuergerät die kleinste für die Festlegung des Abfrage-Zyklus gewählt, da zur Vereinfachung die Abfrage aller Signale von einem Steuergerät sequentiell erfolgt. Aus Schritt zwei ergibt sich die maximal zulässige Buslasterhöhung. Diese dient als Auslegungskriterium, um zu prüfen, ob die Signale über die Off-Board-Kommunikation erfasst werden können, ohne die fahrzeuginterne Kommunikation zu beeinflussen. Schritt drei liefert Informationen für die Auslegung der Messdatenerfassungsmethode. Dazu gehört die Anzahl der Datenbytes, die die Anfrage an das Steuergerät und die Antwort vom Steuergerät enthalten. Außerdem wird die Methode für die Off-Board-Kommunikation der Messdaten festgelegt, die bestimmt, wie die Anfrage(n) und Antwort(en) aufgebaut sein müssen (ISO-TP Single- oder Multi-Frames). **Abbildung 5.13** zeigt zusammenfassend die Informationen, die sich aus den Verfahrensschritten ergeben, für die Abschätzung der Messdatenerfassung.

Für die rechnerische Abschätzung wird nur der zyklische Teil der Diagnosekommunikation pro Steuergerät betrachtet, bei dem die Messdaten an das Werkzeug übertragen werden. Findet vor der eigentlichen Erfassung der Messdaten eine Gruppierung der Signale mithilfe des Dienstes DynamicallyDefinedDataIdentifier statt, wird dieser Teil der Kommunikation nicht in die Betrachtung mit einbezogen, da dieser nicht Teil der Messdatenübertragung ist.

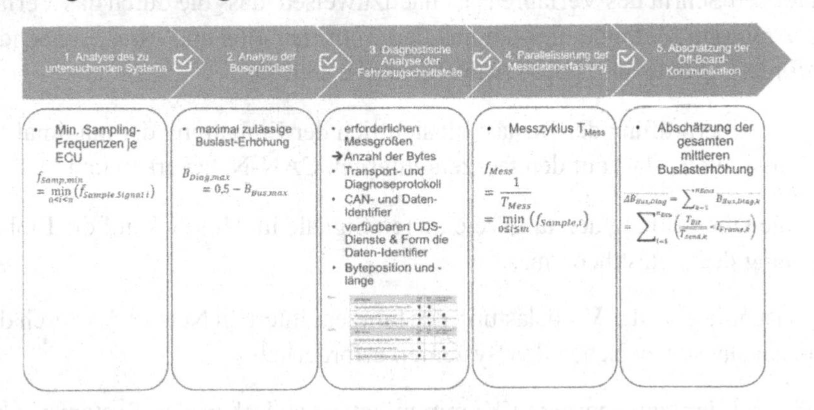

Abbildung 5.13: Darstellung der Informationen der Verfahrensschritten zur Abschätzung der Machbarkeit der Messdatenerfassung

Die Abschätzung der Durchführbarkeit der Messdatenerfassung über das UDS-Protokoll erfolgt durch die Berechnung der durch die Off-Board-Kommunikation erzeugten Buslast. Aus den in Schritt drei gewonnenen Informationen über die Verfügbarkeit von UDS-Diensten für die Datenübertragung und deren mögliche Kombination kann eine Analyse des Kommunikationsverhaltens mit jedem Steuergerät durchgeführt werden. Dieses bestimmt, wie die Anfragen des Diagnosewerkzeugs und die Antworten der Steuergeräte aufgebaut sein müssen.

Für die Berechnungen der Buslasten durch die Kommunikation mit den Steuergeräten müssen noch die Sendezyklen T_{send} bestimmt werden, mit denen die Botschaften durch die Off-Board-Kommunikation mit jedem Steuergerät gesendet werden. Dies kann in Abhängigkeit vom Botschaftstyp des Transportprotokolls entweder für die Verwendung von einzelnen CAN-Frames für den Datentransport nach Kapitel 4.4.1.1 oder für die Verwendung von Muti-Frame Botschaften nach Kapitel 4.4.1.2 erfolgen.

Mit der berechneten gesamten Buslasterhöhung und der aus Verfahrensschritt zwei ermittelten maximal zulässigen Buslasterhöhung lässt sich eine Aussage über die Nutzbarkeit der Methode zur Messdatenerfassung treffen.

5.8 Test der Fahrzeugschnittstelle

Im letzten Schritt des Verfahrens ist nachzuweisen, dass die durch das Verfahren ermittelte Methode die sich aus den Schritten eins und zwei ergebenden Anforderungen erfüllt. Diese Anforderungen sind

- die Überprüfung der Buslast hinsichtlich der Einhaltung der maximal zulässigen Buslast auf den fahrzeuginternen CAN-Netzwerken und
- die Überprüfung der aufgezeichneten Signale im Hinblick auf die Einhaltung des Abtasttheorems.

Dies ist aufgrund der Vorbelastung der fahrzeuginternen Netzwerke durch den Datenaustausch zwischen den Systemen erforderlich.

Aufgrund der signalbasierten Kommunikation zwischen den Systemen über ein CAN-Netzwerk und den Buszugriffsverfahren ist es möglich, dass das Diagnosetool und die Fahrzeugsteuergeräte in Abhängigkeit von der vorhandenen Buslast keinen oder verzögerten Zugriff auf das Übertragungsmedium erhalten.

Wenn zeitweise kein Zugriff auf das Kommunikationsmedium möglich ist, wirkt sich dies auf die Abtastrate der Signale aus, so dass im ungünstigsten Fall das Abtasttheorem nicht eingehalten werden kann.

Bei verzögertem Zugriff auf das Medium kann es zu einer Verschiebung der Abtastzeitpunkte und damit zu einer Verzerrung des erfassten Signalverlaufs kommen. Dies wirkt sich direkt auf die Qualität des Signalverlaufs aus.

Zur Überprüfung der Buslast wird die Messdatenerfassungsmethode am zu untersuchenden System durchgeführt und gleichzeitig die Buslast auf den fahrzeuginternen Netzwerken mit Analysewerkzeugen gemessen. Die gemessene Buslast darf die maximal zulässige Buslast nicht überschreiten. Dies muss für die beiden Betriebszustände des Fahrzeugs im Stillstand und während der dynamischen Prüfung erfolgen.

Zur Überprüfung der Einhaltung des Abtasttheorems und damit der Signalqualität sind die aufgezeichneten diskreten Signalverläufe hinsichtlich der zeitlichen Abstände der Signalwerte zu analysieren. Erfüllen diese die sich aus dem ersten Verfahrensschritt ergebenden Mindest-Sampling-Frequenzen, so ist zusätzlich zu bewerten, dass keine Aussetzer im Signalverlauf vorliegen und die zeitlichen Abstände nahezu äquidistant sind, um Verzerrungen der Signalverläufe ausschließen zu können.

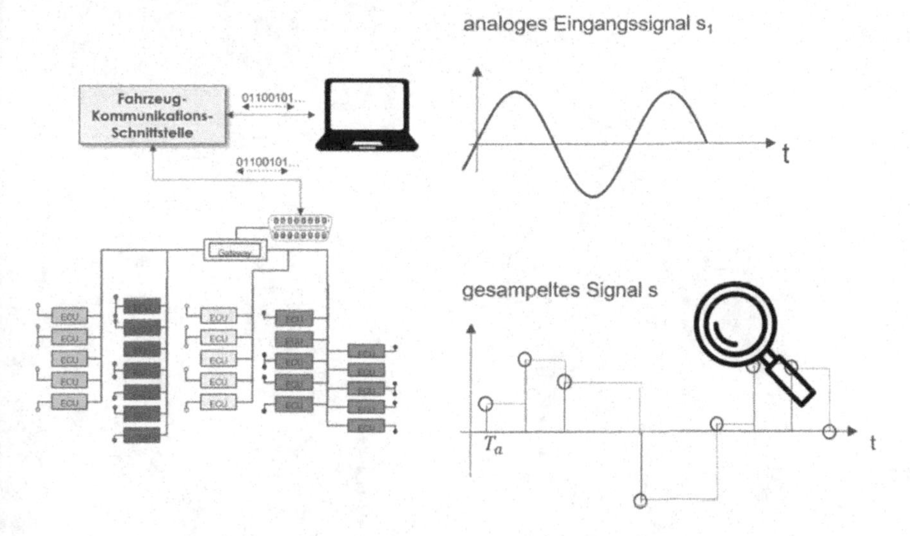

Abbildung 5.14: Konzept des Tests der Datenerfassungsmethode

6 Anwendung und praktischer Nachweis

Das in dieser Arbeit vorgestellte Verfahren hat zum Ziel, die Möglichkeiten des Messdatenaustausches zwischen dem Diagnosetool und den relevanten Steuergeräten in Abhängigkeit von der Verfügbarkeit und Vollständigkeit der in Serienfahrzeugen implementierten Protokolle für die Off-Board-Kommunikation zu identifizieren. Darüber hinaus soll die sich aus dem Prozess ergebende optimale Methode zur Datenübertragung eingesetzt werden, mit dem Ziel die Kommunikation hinsichtlich der zu übertragenden Datenmenge und der Sendezyklen der von außen in die fahrzeuginternen Netzwerke eingebrachten Kommunikation auf ein notwendiges Maß zu beschränken. Dadurch wird die Effizienz des Datenaustauschs bei der Messdatenerfassung gegenüber den heute verfügbaren Implementierungen von Diagnosewerkzeugen erhöht und gleichzeitig die Gefahr der Beeinflussung der Echtzeitkommunikation zwischen den Fahrzeugsystemen verringert.

Die dieser Arbeit zugrundeliegende Anforderung setzt eine vollständige Implementierung des UDS-Standards in modernen Serienfahrzeugen voraus. Aus der begleitenden Analyse von Serienfahrzeugen im Feld wurden jedoch Einschränkungen bei der Implementierung des UDS-Standards hinsichtlich der Dienste und Daten-Identifier sowie deren Kombinierbarkeit festgestellt. Diese Einschränkungen umfassen:

- Die Möglichkeit, mehrere Daten-Idenitifiers in einer Anfrage der Dienste aus der Gruppe für die Datenübertragung zu verwenden, um die Abfrage mehrerer Signale von einem Steuergerät in einer Anfrage zu bündeln.
- Die Möglichkeit der Bündelung mehrerer Daten-Identifiers durch den UDS-Dienst DynamicallyDefinedDataIdentifier.
- Die Möglichkeit der periodischen Übertragung von Messdaten mit Hilfe des Dienstes ReadDataByPeriodicIdentifier.

Aufgrund der mangelnden Verfügbarkeit von einsetzbaren Testkandidaten, durch die Unvollständigkeit der Protokollimplementierung, beschränkt sich der praktische Nachweis in den folgenden Unterkapiteln auf der Evaluierung der Effizienzsteigerung bei der fahrzeugexternen Signalerfassung durch Optimierung der Datenerfassungsmethode mittels des vorgestellten Verfahrens.

A. Heinz, *Nutzung der Fahrzeug-Schnittstelle zur Datenerfassung im dynamischen Fahrzeug-Betrieb*, Wissenschaftliche Reihe Fahrzeugtechnik Universität Stuttgart,
https://doi.org/10.1007/978-3-658-44166-1_6

Dazu wird gezeigt, dass die in Kapitel 4.4.1 hergeleiteten Funktionen im Rahmen des vorgestellten Verfahrens genutzt werden können, um ein geplantes Diagnoseprojekt hinsichtlich seiner Einsatzfähigkeit im dynamischen Betrieb bewerten zu können. Dies geschieht, indem exemplarisch die Buslasten für definierte Anwendungsfälle berechnet und den Ergebnissen aus Simulationen der Szenarien gegenübergestellt werden.

6.1 Arithmetischer und simulativer Vergleich von Buslasten

Die definierten Testszenarien sind Nachbildungen der Messdatenerfassungsmethoden, die im Rahmen des Verfahrens in Abhängigkeit von den möglichen Kombinationen des UDS-Standards identifiziert werden können. Die zu untersuchenden Szenarien sind:

- Nutzung des UDS-Dienstes ReadDataByIdentifier mit nur einem Daten-Identifier in den Nutzdaten der Anfrage (Szenario 1)
- Nutzung des UDS-Dienstes ReadDataByIdentifier mit mehreren Daten-Identifiers in den Nutzdaten der Anfrage (Szenario 2)
- Verwendung des UDS-Dienstes ReadDataByIdentifier in Kombination mit dem UDS-Dienst DynamicallyDefinedDataIdentifier (Szenario 3)
- Verwendung des UDS-Dienstes ReadDataByPeriodicIdentifier in Kombination mit einem/mehreren Daten-Identifiers in den Nutzdaten der Anfrage (Szenario 4)
- Verwendung des UDS-Dienstes ReadDataByPeriodicIdentifier in Kombination mit dem Dienst DynamicallyDefinedDataIdentifier (Szenario 5)

Die Kombinationsmöglichkeiten des UDS-Dienstes ReadDataByIdentifier mit Single- bzw. Multi-DID in Szenario vier wird als eines betrachtet, da sich kein Unterschied in der resultierenden Buslast feststellen lassen wird. Dies ist darauf zurückzuführen, dass auch bei einer periodischen Anfrage mit mehreren Daten-Idenitifiers jede zu einem Daten-Identifier gehörende Nutzlast in einer separaten periodischen Botschaft an das Diagnosewerkzeug übertragen wird. Unterschiede ergeben sich lediglich in der Initialisierungsphase.

Zusätzlich zu den fünf definierten Szenarien wird die Variante der uneingeschränkten Kombinationsmöglichkeit der UDS-Dienste DynamicallyDefinedDataIdentifier und ReadDataByIdentifier mit der Übertragung der periodischen Signale über das ISO-TP-Protokoll als Szenario sechs betrachtet. Dies beruht auf der Einschätzung, dass dieses Szenario einen sehr geringen Overhead bei der zyklischen Datenkommunikation erzeugen wird. Gleichzeitig erzeugt dieses Szenario keinen großen Aufwand im Rahmen der Software-Implementierung, da die Zusammenführung der durch das ISO-TP-Protokoll segmentierten Diagnose-Botschaft zu einer Diagnose-Botschaft beim Empfänger durch den Transport-Stack erfolgt. Die zu erfassenden Daten werden in einer einzigen Diagnose-Botschaft in Form eines ISO-TP-Multiframes übertragen, der als Overhead nur die zusätzlich benötigte Flow-Control-Botschaft benötigt.

Da die Effizienz der Signalerfassung mittels Diagnosekommunikation im Vergleich zu Mess- und Kalibrierprotokollen analysiert werden soll, wird auch XCP in die Betrachtung einbezogen.

Um eine möglichst reale fahrzeugexterne Datenerfassung zu simulieren, werden zusätzlich Restbussimulationen in die Tests integriert, die das Übertragungsmedium CAN-Bus mit einer definierten Last von ca. 40 %, bestätigt aus Messungen an einem Serienfahrzeug der oberen Mittelklasse, belegen. Dazu wird der CAN-Bus mit zyklischen CAN-Frames hoher Priorität beaufschlagt, wie dies der reale Messfall vorgibt. Dies dient dazu, eventuell auftretende Arbitrierungen in den Simulationen berücksichtigen zu können.

Für die Simulation der Kommunikationspartner Steuergerät und Diagnosetool wird das Entwicklungswerkzeug samDia der Firma Softing AG eingesetzt. Das Entwicklungswerkzeug ermöglicht die Nachbildung von Kommunikationsknoten, die über ein reales Übertragungsmedium miteinander kommunizieren. Die Anbindung der Knoten an das Übertragungsmedium erfolgt über die Kommunikationsschnittstelle HSX Multibus der Firma samtec. Die Analyse der auf dem CAN-Bus entstehenden Buslast erfolgt mit Hilfe des Entwicklungswerkzeuges CANoe der Firma Vector Informatik GmbH. Dieses bietet die Möglichkeit, die Buslast auf dem Übertragungsmedium zu messen und visualisiert diese in Form einer CAN-Statistik, die unter anderem die aktuelle, minimale, maximale und durchschnittliche Buslast enthält. **Abbildung 6.1** zeigt das Konzept der Simulation zur Nachbildung einer realen fahrzeugexternen Signalerfassung in einem Serienfahrzeug.

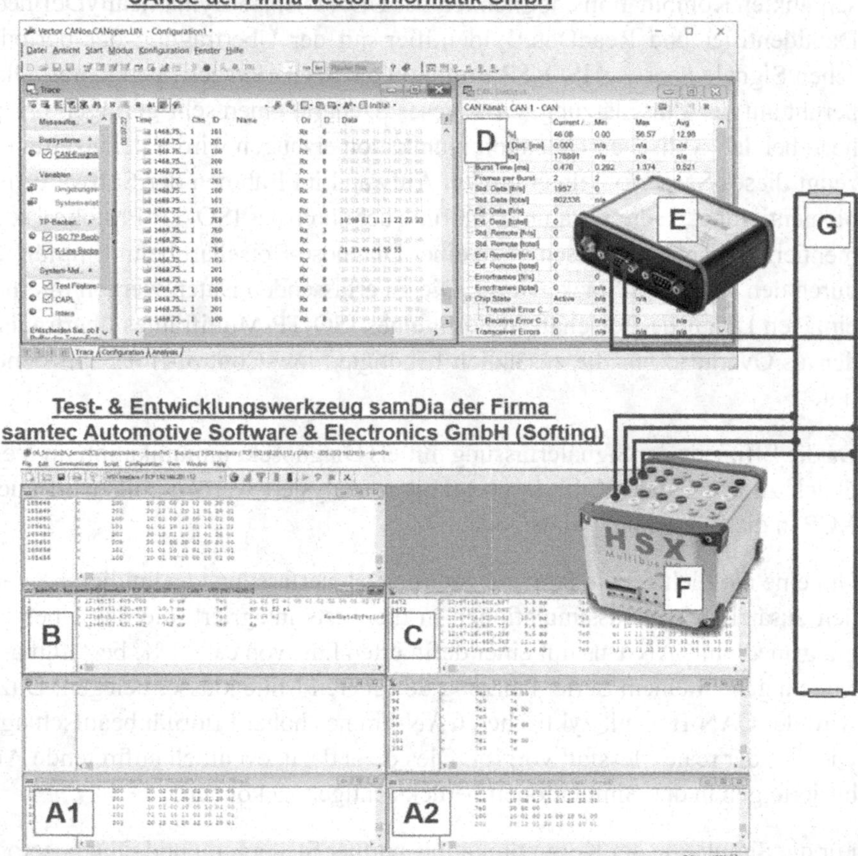

Abbildung 6.1: Darstellung des Simulationsaufbaus

Hier sieht man

- A1 & A2: Die Restbussimulationen zur Nachbildung der fahrzeuginternen Kommunikation auf dem CAN-Bus.
- B: Das Fahrzeugsteuergerät, von dem Signale zyklisch abgefragt werden.
- C: Das Diagnosewerkzeug, das Signale vom Steuergerät erfasst.
- D: Die CAN-Statistik des Entwicklungswerkzeugs CANoe der Firma Vector Informatik GmbH.

- E: Die Kommunikationsschnittstelle CAN-Case XL von der Firma Vector Informatik GmbH zum Anschluss des Diagnosewerkzeuges CANoe an den CAN-Bus.
- F: Die Kommunikationsschnittstelle HSX Multibus der Firma samtec zur Anbindung der Entwicklungs- und Simulationsumgebung samDia an den CAN-Bus.
- G: Den CAN-Bus als Kommunikationsmedium, über den die Kommunikation erfolgt.

Für die Berechnung und Simulation der Buslasten werden folgende Annahmen getroffen, die als Grundvoraussetzung für die einzelnen Szenarien der Messdatenerfassung dienen:

- Es werden 5 Messwerte bestehend aus jeweils 2 Bytes von einem Steuergerät erfasst.
- Die zeitliche Abtastung der Messsignale soll in einem Zyklus von 10 ms erfolgen.
- Die Baudrate des verwendeten CAN-Busses beträgt 500 kBit/s.

In **Tabelle 6.1** sind die Ergebnisse der Berechnung und Simulation der definierten Szenarien gegenübergestellt.

Die Buslasten für die beiden Szenarien 4 und 5 berechnen sich dabei aus der Summe der einzelnen Buslasten nach Gl. 3.6.

Der Vergleich zwischen berechneten und simulierten Ergebnissen zeigt, dass die hergeleiteten Funktionen zur Berechnung der Buslasten dazu verwendet werden können, um im Rahmen des vorgestellten Verfahrens eine Abschätzung zur Durchführbarkeit der fahrzeugexternen Signalerfassung mit der aus dem Verfahren resultierenden Methode durchführen zu können.

Weiterhin ist der Tabelle zu entnehmen, dass mit zunehmendem Optimierungsgrad die durch die fahrzeugexterne Signalerfassung erzeugte Buslast abnimmt. Das Optimum liegt bei der Signalerfassung mit Hilfe des Dienstes ReadDataByPeriodicIdentifier. Aber auch durch die uneingeschränkte Kombination der UDS-Dienste DynamicallyDefinedDataIdentifier und ReadDataByPeriodicIdentifier kann eine Buslast erreicht werden, die der bei Verwendung des Mess- und Kalibrierprotokolls XCP nahekommt.

Tabelle 6.1: Vergleich der berechneten und simulierten Ergebnisse für die Busbelastung der definierten Szenarien

Szenario	Berechnete Buslast	Simulierte Buslast	Mittlere berechneter Sendezyklus
1	21,1 %	18,5 %	1 ms
2	17,68%	16,2 %	1,25 ms
3	9,84%	7,8 %	2,5 ms
4	9,55 %*)	8,5%	2 ms
5	5,02 %*)	4,0 %	5 ms
6	6,93 %	5,8 %	3 1/3 ms
XCP	5,62 %	5,08 %	-

Für die Berechnung der Buslast der einzelnen Szenarien müssen deren Kommunikationsabläufe genau analysiert werden, um den für die Berechnung benötigten mittleren Sendezyklus und die Anzahl der zu übertragenden Datenbytes zu ermitteln. Die Vorgehensweise wird in den folgenden Unterkapiteln exemplarisch für die beiden ausgewählten Szenarien 1 und 6 dargestellt.

6.1.1 Berechnung der Buslast der Signalerfassung mittels einzelner Abfragen der Signale per UDS-Dienst ReadDataByIdentifier (Szenario 1)

Dies ist die Variante der Messdatenerfassung mittels Diagnoseprotokoll UDS, bei der jeder Messwert einzeln zyklisch vom Steuergerät abgefragt wird. Für die Berechnung wird folgende Annahme getroffen:

- Jeder Messwert wird mit einem Diagnose-Request in Form von ISO-TP-Single-Frames vom Steuergerät abgefragt.
- Jeder Messwert wird mit einer Diagnose-Response in Form von ISO-TP-Single-Frames vom Steuergerät an das Diagnosewerkzeug gesendet.

Für die fünf zu erfassenden Signale ergibt sich damit die Anzahl m=5 Diagnose-Requests. Bei einem Messzyklus von $T_{Mess} = 10ms$ ergibt sich nach Gl. 4.4 für den Sendezyklus
$T_{send,Diag} = \frac{1}{m*2} T_{Mess}$=$1ms$.
Für die Anzahl der zu übertragenden Datenbytes pro CAN-Nachricht gilt:

- Die Anfrage an das Steuergerät besteht aus 4 Bytes. Diese setzen sich zusammen aus 1 Byte für die Protokollinformation für einen ISO-TP-Single-Frame, 1 Byte für den Service-Identifier und 2 Bytes für den Data-Identifier.
- Die Antwort vom Steuergerät enthält 6 Bytes. Diese setzen sich zusammen aus 1 Byte für die Protokollinformation für einen ISO-TP-Single-Frame, 1 Byte für den Service-Identifier, 2 Bytes für den Data-Identifier und 2 Bytes für den Messwert selbst.

Die erzeugte mittlere Busauslastung errechnet sich dann nach Gl. 4.7 zu $\overline{B_{Bus,Diag}} = 0{,}211$. Dies entspricht einer Buslasterhöhung von 21,1 %.

6.1.2 Berechnung der Buslast der Signalerfassung mittels optimierter Methode (Szenario 6)

Bei dieser Methode der Signalerfassung handelt es sich um die optimierte Variante der Messdatenerfassung mit Hilfe des UDS-Diagnoseprotokolls, bei der alle Messwerte über eine Kombination der UDS-Dienste DynamicallyDefinedDataIdentifier und ReadDataByPeriodicIdentifier mit einer Diagnoseanforderung vom Steuergerät angefordert werden. Die Daten werden mit Hilfe von ISO-TP-Nachrichten vom Steuergerät an das Diagnosewerkzeug übertragen. Für die Berechnung werden folgende Annahmen getroffen:

- Der Diagnose-Request wird nur einmal durchgeführt, da die Messwerte anschließend periodisch über den UDS-Dienst ReadDataByPeriodicIdentifier an das Diagnosetool gesendet werden.

- Die Anforderung zur periodischen Übertragung der Messwerte an das Steuergerät erfolgt mittels eines Diagnose-Request als Single-Frame, der den Service-Identifier und das Low-Byte des mit dem Dienst DynamicallyDefinedDataIdentifier erzeugten Daten-Identifier enthält.
- Nach einer Flow-Control-Nachricht dürfen acht aufeinanderfolgende Consecutive Frames gesendet werden.
- Alle Messwerte werden mit einer Diagnose-Response in Form eines ISO-TP-Multi-Frames, der den Service-Identifier, den dynamisch definierten 1-Byte-Daten-Identifier und die Messwerte enthält, an das Diagnose-Tool gesendet.

Aus diesen Annahmen folgt, dass

- innerhalb von 10ms der CAN-Bus zusätzlich mit 1 Diagnose-Response belastet wird und
- für den Austausch der Messdaten nur 1 Diagnose-Response benötigt wird, die insgesamt 11 Bytes Daten enthält. Diese besteht aus 1 Byte Daten-Identifier und 10 Bytes für die Messwerte. Hiermit besteht die Diagnose-Antwort bei Nutzung des ISO-TP Protokolls aus 3 CAN-Frames (Firstframe, Flow-Control und 1 Consective Frame).

Mit der Anzahl der zu übertragenden CAN-Frames kann die mittlere Zykluszeit der gesendeten CAN-Frames berechnet werden. Diese ergibt einen Wert von $3\frac{1}{3}\ ms$.
Die erzeugte mittlere Buslast berechnet sich dann nach Gl. 4.22 zu $\overline{\Delta B_{Bus,Diag}} = 0{,}0693$. Dies entspricht einer Buslasterhöhung von 6,93 %.

6.2 Vergleich der Buslasten in Abhängigkeit von der Abtastrate

Zuletzt werden Berechnungsfunktionen in Abhängigkeit von der Abtastrate betrachtet, wodurch alle exemplarisch betrachteten Szenarien als Funktion in Abhängigkeit von der Abtastrate dargestellt werden können. Dies erlaubt eine grafische Darstellung der Buslastzunahme der einzelnen Szenarien (**Abbildung 6.2**).

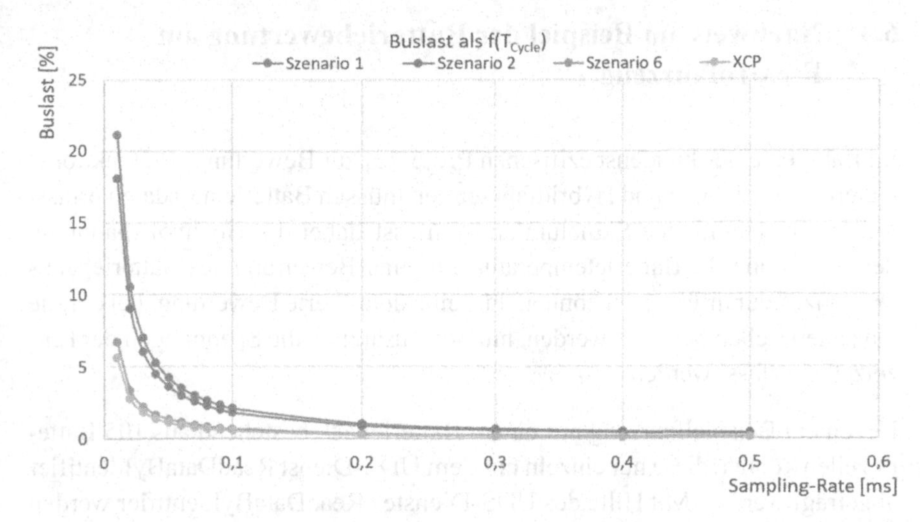

Abbildung 6.2: Berechnete Buslasten als Funktion Abhängigkeit von der Abtastrate

Aus den exemplarischen Berechnungen sowie der grafischen Darstellung der Buslasten in Abhängigkeit von der Abtastrate ist zu erkennen, dass eine zyklische Messdatenerfassung mittels des UDS-Diagnosedienstes ReadDataByIdentifier, wie sie derzeit in den meisten Diagnosewerkzeugen implementiert ist, bei hohen Abtastraten sehr schnell zu hohen Buslaststeigerungen führen kann. Dabei spielt es praktisch keine Rolle, ob die Messdaten einzeln mittels Single-Frames oder gebündelt als Multi-Frames entsprechend den Möglichkeiten aus dem Standard von den Fahrzeugsteuergeräten abgefragt werden. Hohe Abtastraten führen schnell zu hohen Buslasten.

Durch den im Standard definierten Dienst für die periodische Übertragung von Daten an das Off-Board-Werkzeug oder eine optimierte Methode zur Messdatenerfassung, bestehend aus der Kombination der UDS-Diagnose-Dienste ReadDataByPeriodicIdentifier und DynamicallyDefinedDataIdentifier, ist es möglich, Messdaten mit dem UDS-Diagnose-Protokoll mit ähnlichen Eigenschaften wie dem XCP-Protokoll zu erfassen.

6.3 Nachweis am Beispiel der Batteriebewertung am Elektrofahrzeug

Im Rahmen eines kundenspezifischen Projektes zur Bewertung der Traktionsbatterie von Elektro- und Hybridfahrzeugen müssen Batteriemessdaten erfasst werden. Der minimale Signalumfang umfasst dabei die Hochvoltspannung, den Strom und die Batterietemperatur, um eine Bewertung des Batteriepacks als Ganzes durchführen zu können. Für eine detaillierte Bewertung, bei der die einzelnen Zellen bewertet werden, müssen zusätzlich die Spannungen der Einzelzellen erfasst werden.

Bei einem Beispielfahrzeug mit einem Batteriepack bestehend aus 105 Batteriezellen können diese nur einzeln mit dem UDS-Dienst ReadDataByIdentifier abgefragt werden. Mit Hilfe des UDS-Dienstes ReadDataByIdentifier werden für die Abfrage der 105 Zellspannungen insgesamt 1,05 s benötigt. Die Abfrage erfolgt mit einem zeitlichen Abstand von 10 ms, um die zusätzlich erzeugte Buslast gering zu halten. Die so erzeugte Buslast für die Abfrage aller Zellspannungen im Abstand von 10 ms berechnet sich nach Gl. 4.7 zu

$$\overline{\Delta B_{Bus,Diag,k}} = \frac{0{,}002\,ms}{T_{send,Diag}} * \frac{1}{2*105} * 105 * \big(111 + 10 * (4 + 6)\big). \qquad \text{Gl. 6.1}$$

Der für die Berechnung erforderliche Sendezyklus kann mit Gleichung Gl. 4.4 bestimmt werden zu

$$T_{send} = \frac{1}{m*2} T_{Mess} = \frac{1}{105*2} 1050\text{ ms} = 5\text{ ms}. \qquad \text{Gl. 6.2}$$

Daraus ergibt sich eine Buslast von 4,22 %.

Für die Erfassung der Zellspannungen mit Hilfe der optimierten Methode, d. h. Nutzung des Dienstes ReadDataByPeriodicIdentifier in Kombination mit DynamicallyDefinedDataIdentifier und Nutzung des ISO-TP-Protokolls für den Datentransport, kann folgende Abschätzung vorgenommen werden.

Für die Bestimmung der Anzahl der zu übertragenden Nachrichten gilt nach Kapitel 4.4.1.2:

- es wird ein Firstframe gesendet, der die ersten drei Bytes der Zellspannungen enthält,
- es werden insgesamt drei Flow-Control-Frames gesendet und
- für die Übertragung der restlichen Zellspannungen werden insgesamt 30 Consecutive Frames benötigt, wobei der letzte nur 4 Bytes Daten enthält.

Ausgehend von Gl. 4.22 unter Berücksichtigung, dass bei der zyklischen Signalübertragung keine Anfrage gestellt werden, wird die erzeugte Buslast berechnet nach

$$\overline{B_{Bus,Diag}} = \frac{1}{(1+n_{FC,rx,i}+n_{CF,full,i,rx}+n_{CF,rest,i,rx})} * \frac{T_{Bit}}{\overline{T_{send,Diag}}} * \Big(271Bit + (n_{FC,rx,i} * 85{,}5Bit) + \big(n_{CF,full,rx,i} * 135{,}5Bit\big) + n_{CF,rest,rx,i} * \Big(8\tfrac{1}{2} + 2 * n_{Data,CF,rest,rx,i} + 47 + 8 * n_{Data,CF,rest,rx,i}\Big)\Big). \qquad \text{Gl. 6.3}$$

Mit der Buslast für die einzelne Abfrage der Zellspannungen mit dem UDS-Dienst ReadDataByIdentifier von 4,22 % kann der Sendezyklus bestimmt werden zu

$$\overline{T_{send,Diag}} = \frac{1}{34} * \frac{0{,}002\ \text{ms}}{\overline{B_{Bus,Diag}}} * (4552{,}5) = 6{,}346\,ms. \qquad \text{Gl. 6.4}$$

Mit Hilfe des Sendezyklus $\overline{T_{send,Diag}} = 6{,}346\,ms$ und der Anzahl der zu übertragenden CAN-Frames $n_{Frames,ges,rx} = 34$ kann schließlich der Sampling-Zyklus bestimmt werden zu

$$T_{Sample} = \overline{T_{send,Diag}} * n_{Frames,ges,rx} = \sim 216\ \text{ms} \qquad \text{Gl. 6.5}$$

Dies entspricht im Vergleich nur noch ca. einem Fünftel der ursprünglich benötigten Zeit, so dass bei gleicher Buslast die Abtastrate für alle von diesem Steuergerät abgefragten Signale fast verfünffacht werden kann.

7 Zusammenfassung

Die Bewertung moderner Fahrzeuge und ihrer Systeme erfordert flexible und modulare Prüfverfahren, die einen Einsatz im dynamischen Fahrzeugbetrieb ermöglichen. Die eingesetzten Testmethoden und -mittel müssen individuell an unterschiedliche Fahrzeugmodelle angepasst werden können. Remote-Diagnose-Lösungen können dabei zukünftig eine wesentliche Rolle spielen, indem Signalverläufe von Fahrzeugsystemen erfasst und in der Cloud ausgewertet werden. Dazu muss es möglich sein, fahrzeugextern hochaufgelöste Signalverläufe zu erfassen, die für modellbasierte Diagnosen und Auswertealgorithmen in der Cloud genutzt werden können.

In dieser Arbeit wird ein Verfahren vorgestellt, das den Ansatz der fahrzeugexternen Signalerfassung zur Realisierung einer Ferndiagnose von Fahrzeugsystemen verfolgt. Aufgrund des Einsatzes der resultierenden Methode im dynamischen Betrieb sind Grenzen zu identifizieren und einzuhalten. Für den Einsatz in Forschung und Fahrzeugerprobung erfolgt dies unabhängig von Herstellerangaben.

Dazu wird in Kapitel 2 ein Überblick über den Stand der Technik im Bereich der Fahrzeugentwicklung und Fuhrzeugdiagnose gegeben. Die Darstellung der Trends und des Status quo aktueller E/E-Architekturen und des Autonomisierungsgrades moderner Fahrzeuge bildet die Grundlage zur Veranschaulichung der Herausforderungen an die moderne Fahrzeugdiagnose. Der aktuelle Stand der Fahrzeugentwicklung und die daraus resultierenden Herausforderungen werden dargestellt. Weiterhin werden in Kapitel 2 ein Überblick über den aktuellen Stand moderner Diagnosesysteme und deren Umsetzungsstand hinsichtlich der Vollständigkeit bei der Implementierung gegeben sowie deren Zielsetzung und Problemstellung aufgezeigt.

Kapitel 3 befasst sich mit den Grundlagen des Forschungsvorhabens zur Realisierung einer auf Diagnosekommunikation basierenden Messdatenerfassung im dynamischen Fahrzeugbetrieb. Die derzeit gültigen Standards werden übersichtlich dargestellt und relevante Standards herausgearbeitet. Daraus werden Defizite und Schwachstellen des im Rahmen des Forschungsvorhabens zu verwendenden Standards herausgefiltert. Möglichkeiten außerhalb des Standards

A. Heinz, *Nutzung der Fahrzeug-Schnittstelle zur Datenerfassung im dynamischen Fahrzeug-Betrieb*, Wissenschaftliche Reihe Fahrzeugtechnik Universität Stuttgart,
https://doi.org/10.1007/978-3-658-44166-1_7

werden diskutiert, die das Potential des Standards für den Einsatz zur Messdatenerfassung verbessern. Weiterhin werden in Kapitel 3 die Methoden der fahrzeugexternen Messdatenerfassung im Fahrzeug behandelt. Da das Verfahren darauf abzielt, die Machbarkeit eines geplanten Diagnoseprojektes abschätzen zu können, werden zusätzlich die mathematischen Grundlagen zur Berechnung der erzeugten Buslast einer auf dem CAN-Bus gesendeten Nachricht zusammengefasst. Anforderungen und Randbedingungen werden erarbeitet, die für die Anwendung des Verfahrens und der daraus resultierenden Methode notwendig sind. Aus der Analyse der in modernen Serienfahrzeugen implementierten Diagnosedienste ergibt sich vorab das für das Projekt zu bevorzugende Diagnoseprotokoll.

Die in Kapitel 4 durchgeführte Analyse der Standards zur Abschätzung der Möglichkeiten der Messdatenerfassung im dynamischen Fahrzeugbetrieb gliedert sich in drei Teile. Zunächst werden die gängigen Verfahren untersucht und miteinander verglichen. Die Vor- und Nachteile dieser Verfahren werden dargestellt. Die Auswahl des anzuwendenden Verfahrens und die Darstellung der Möglichkeiten, die sich aus der Norm ergeben, erfolgen ebenfalls in diesem Teil. In Kapitel 4.3 werden neue mathematische Funktionen hergeleitet, die es ermöglichen, die aus dem Verfahren identifizierten Methoden zur Messdatenerfassung mit Hilfe von Diagnoseprotokollen rechnerisch zu untersuchen und vor der eigentlichen Implementierung zu bewerten. Dabei wird die Notwendigkeit einer eindeutigen Unterscheidung des Anwendungsfalles und der daraus resultierenden Wahl der Berechnungsfunktionen deutlich.

Kapitel 5 behandelt schließlich das in dieser Arbeit vorgestellte Verfahren selbst. Dieses besteht aus fünf Verfahrensschritten, die nacheinander durchgeführt eine Abschätzung ermöglichen, ob ein geplantes Diagnoseprojekt durchgeführt werden kann. Im ersten Schritt werden die Anforderungen beschrieben, die erfüllt sein müssen, um ein Fahrzeugsystem oder eine Fahrzeugfunktion fahrzeugextern in einem Remotesystem evaluieren zu können. Wichtigstes Kriterium ist dabei die Einhaltung des Abtasttheorems der zu erfassenden Signale. Das prinzipielle Vorgehen bei der Analyse der Anforderungen an die zu erfassenden Signale wird dargestellt. Der zweite Schritt des Verfahrens befasst sich mit den Anforderungen an die Fahrzeugsicherheit bei der Durchführung einer Messdatenerfassung im dynamischen Betrieb. Wesentliches Kriterium ist hierbei die Buslast auf den fahrzeuginternen Netzwerken. Exemplarisch werden Möglichkeiten zur Erfassung der vorhandenen Busgrundlast aufgezeigt. Der dritte Verfahrensschritt befasst sich mit der methodischen Analyse und Identifikation der optimalen Methode aus den Möglichkeiten der Fahrzeugsysteme zur Durchführung der Messdatenerfassung. Es werden Vorgehensweisen zur Ermittlung der benötigten Informationen und Parameter aufgezeigt. Die in diesem Schritt gewonnenen Informationen ermöglichen die Identifikation der optimalen Methode, die das Fahrzeugsystem zur Verfügung stellt, um die erforderlichen Systemsignale zu erfassen. In diesem Zusammenhang wird in Schritt vier auf die Erhöhung der Effizienz und die Verringerung der zeitlichen Auflösung durch Parallelisierung der Kommunikation mit mehreren Steuergeräten hingewiesen und die Voraussetzungen hierfür erläutert. Aus den vorangegangenen Verfahrensschritten ergeben sich alle Informationen, die eine Abschätzung des Diagnosevorhabens in Verfahrensschritt fünf ermöglichen. Mit dieser Abschätzung kann im letzten Verfahrensschritt die Implementierung und der Test am realen Prüfling erfolgen, um die Methode zur Messdatenerfassung bewerten zu können.

Kapitel 6 der Arbeit beschreibt den praktischen Nachweis. Die Anwendbarkeit des Verfahrens und der daraus resultierenden Methode zur Messdatenerfassung wird durch die Darstellung der Vorgehensweise und der Gültigkeit der Abschätzung an beispielhaft definierten Szenarien aufgezeigt. Um die Gültigkeit der berechneten Busbelastungen zu überprüfen, werden die berechneten Ergebnisse mit Messergebnissen aus realitätsnahen Simulationen der definierten Szenarien verglichen. Die Ergebnisse und die damit verglichenen Messungen weisen auf die Zuverlässigkeit der ermittelten Formeln hin und zeigen das Potenzial zur Effizienzsteigerung bei der Ermittlung einer auf die zur Verfügung stehenden Möglichkeiten optimierten zyklischen Messdatenerfassung. Zur Veranschaulichung des Potenzials, das in der Messdatenerfassung mittels des Diagnoseprotokolls Unified Diagnostic Services liegt, werden die erzielten Ergebnisse mit entsprechenden Ergebnissen bei Verwendung des Mess- und Kalibrierprotokolls XCP verglichen.

Der Stand der Technik konventioneller Implementierungen von Diagnoseprotokollen in Diagnosewerkzeugen und Fahrzeugsteuergeräten ist nicht darauf ausgelegt, Signale mit hoher Auflösung mittels Diagnoseprotokollen zu erfassen und direkt einem Remotesystem zur Verfügung zu stellen. Die wesentliche Herausforderung bei der fahrzeugexternen Signalerfassung besteht darin, ausreichende Signalverläufe mit ausreichender zeitlicher Auflösung zu erfassen, damit Diagnosealgorithmen außerhalb des Fahrzeugs eine Bewertung des Systems vornehmen können. Dabei ist die Funktionsfähigkeit des Fahrzeugs und seiner Systeme zu gewährleisten, indem die bestehende fahrzeuginterne Kommunikation möglichst nicht beeinflusst wird. Als Maß hierfür wird die Erhöhung der Buslast durch die von außen aufgedrängte Kommunikation herangezogen. Durch die Anwendung des neuen Verfahrens kann diese rechnerisch abgeschätzt und durch die Identifikation der zur Verfügung stehenden optimalen Methode zur Messdatenerfassung auf bis zu 14% im Vergleich zu regulären Methoden reduziert werden. Dies entspricht damit einer ungefähren Effizienz wie bei der Messdatenerfassung mit Hilfe des Mess- und Kalibrierprotokolls XCP.

Fazit

Die vorliegende Arbeit führt im Fahrzeugumfeld erstmalig ein Verfahren ein, um ein Messvorhaben mittels ereignisorientierter Datenübertragung zu konzipieren und dessen Durchführbarkeit abzuschätzen. Darüber hinaus können Messungen effizienter gestaltet bzw. qualitativ hinsichtlich Auflösung und Zeitverhalten optimiert werden. Dabei werden gegebene Sicherheitsanforderungen und normative Vorgaben stets eingehalten und eine Buslastberechnung für den CAN eingeführt, die zusätzliche Buslasten für Messzwecke berücksichtigen kann.

Dies ermöglicht im Vorfeld der Messung eine Aussage treffen zu können, ob diese Messaufgabe für einen sicheren Einsatz im realen Fahrbetrieb realisierbar ist oder nicht.

Weiterhin werden Defizite des UDS-Protokolls für den Einsatz in der Messdatenerfassung aufgezeigt und Lösungsansätze zur Behebung dieser Defizite beschrieben. Diese Ansätze können als Grundlage für Erweiterungen des UDS-Protokolls für den Einsatz in der Messdatenerfassung und für neue Kommunikationsstandards genutzt werden.

8 Schlussfolgerung und Ausblick

Die zunehmende Funktionalität aufgrund der Variantenvielfalt von Fahrzeugmodellen mit hohem Funktionsumfang in Kombination mit der geforderten Flexibilität durch Anpassungsmöglichkeiten an Fahrzeug- und Kundenanforderungen [53] führt zu hochkomplexen Systemen. Die steigende Komplexität der Fahrzeuge durch Elektronik und Software erhöht das Ausfallrisiko, was im Zuge der Fahrzeugmodernisierung zu einer der größten Herausforderungen für Automobilhersteller und Zulieferer geworden ist [7] [6]. Diese Herausforderungen werden begleitet von einem exponentiellen Anstieg des Ausfallrisikos mit jedem neuen Subsystem im Fahrzeug [54]. Um die steigende Zahl von Ausfällen, z. B. durch zu schnelle Integration noch nicht ausgereifter Innovationen [55] wieder zu minimieren, muss auch die Fahrzeugdiagnose mit ihren Prozessen und Algorithmen modernisiert werden.

Der aktuelle Diagnosestandard UDS ist primär für die herstellerspezifische Werkstatt-Diagnose konzipiert und berücksichtigt daher keine Messdatenerfassung im dynamischen Fahrzeugbetrieb. Der wesentliche Grund hierfür ist, dass die Diagnosealgorithmen zur System- und Komponentenüberwachung in den Steuergeräten implementiert sind und diese sich und ihre Komponenten selbst überwachen. Über Diagnoseprotokolle werden unter anderem die Ergebnisse der On-Board-Diagnose zur Wartung und Instandhaltung an Werkstatttester übertragen.

Moderne Diagnose- und Kommunikationsprotokolle bieten weit mehr Möglichkeiten als nur das Auslesen von Fehlern und deren Umgebungsdaten. So ist es beispielsweise möglich, kritische Systeme ferngesteuert zu überwachen und ihre Funktionalität zu validieren, indem physikalische Größen im Fahrbetrieb aufgezeichnet und validiert werden. Durch die Bereitstellung der Daten in einem entfernten System, das die Analyse der Daten des zu diagnostizierenden Systems übernimmt, können Off-Board-Diagnosefunktionen realisiert werden, um Anomalien frühzeitig zu erkennen und präventive Maßnahmen einzuleiten, noch bevor ein System größeren Schaden nimmt, der zum Totalausfall des Fahrzeugs führen kann.

Um die Effizienz der Messdatenerfassung für die Realisierung solcher Ferndiagnosesysteme zu erhöhen, müssen die Möglichkeiten des Standards erweitert

A. Heinz, *Nutzung der Fahrzeug-Schnittstelle zur Datenerfassung im dynamischen Fahrzeug-Betrieb*, Wissenschaftliche Reihe Fahrzeugtechnik Universität Stuttgart,
https://doi.org/10.1007/978-3-658-44166-1_8

und Schwachstellen beseitigt werden. Beispielsweise sollte die Nutzung des Dienstes ReadDataByPeriodicIdentifier in Kombination mit Segmentierungsverfahren wie dem ISO-TP-Transportprotokoll möglich sein. Darüber hinaus müssen Fahrzeughersteller und Systemlieferanten auf die Vollständigkeit der steuergeräteseitigen Implementierungen achten, damit das volle Potenzial des Diagnosestandards ausgeschöpft werden kann.

Die in Kapitel 2.1 dargestellten Trends in der Automobilindustrie begünstigen die Realisierbarkeit einer off-board- und modellbasierten Fahrzeugdiagnose für den Einsatz im dynamischen Fahrzeugbetrieb. Dazu gehören vor allem die Konsolidierung der Fahrzeugsysteme in HPC und die Umstrukturierung der E/E-Architektur hin zu einer zonalen Architektur mit serviceorientiertem Ansatz und Kommunikation über ein Ethernet-basiertes Backbone zur Reduzierung der Komplexität des Fahrzeugnetzwerks. Über die Fahrzeuggrenze hinaus wird das Internet in das Fahrzeug integriert und das Fahrzeug mit seiner Umgebung vernetzt. Damit wird die Grundlage geschaffen, steuergeräteseitig implementierte Überwachungs- und Diagnosefunktionen auszulagern und zentral in einer Cloud bereitzustellen, die lediglich Bestandteil von Diagnosealgorithmen für die Wartung, Instandhaltung und technische Prüfung von Fahrzeugfunktionen sind.

Die heutigen technischen Möglichkeiten bieten das Potenzial für die Realisierung modularer und flexibler Remote-Diagnose-Lösungen. Mit der Ausschöpfung dieses Potentials können komplexe Algorithmen zur Systembewertung durch Erfassung von Rohsignalen ausgeführt werden, wie sie z. B. für On-Board-Diagnosefunktionen in Serienfahrzeugen oder für Mess- und Kalibrierwerkzeuge in der Fahrzeugentwicklung eingesetzt werden. Durch die Auslagerung von fahrzeugseitig implementierten Diagnosefunktionen, die ausschließlich der Wartung, Instandhaltung und Prüfung von Fahrzeugsystemen und deren Komponenten dienen, können Kosten- und Zeitvorteile erzielt werden, die bei der Entwicklung von Diagnosefunktionen vor der Serienfertigung mit hohem Aufwand aufgewendet werden müssen. Fahrzeugsteuergeräte benötigen weniger Speicher und Rechenleistung, so dass Hardwareressourcen verstärkt für die eigentlichen Fahrzeugfunktionen eingesetzt werden können.

Der Einsatz von Off-Board-Werkzeugen zur Entwicklung neuer Diagnosefunktionen bietet eine hohe Flexibilität hinsichtlich Fehlerbehebung, Anpassung und Aktualisierung der implementierten Funktionen. Die angestrebte Methodik erschließt hierfür neue Potentiale, die zukünftig die Diagnose von

Kraftfahrzeugen unterstützen und ergänzen können. Diese Potenziale umfassen:

- Die Realisierung einer auf Buslast, Datenmenge und Messauflösung optimierten und geregelten Diagnosekommunikation.
- Die Lokalisierung von Abweichungen von der Systemspezifikation und von systembedingten Fehlern durch die flexible Erstellung variabler Diagnosealgorithmen.
- Die Realisierung flexibler, modularer neuer Diagnosealgorithmen, die in der Fahrzeugentwicklung nicht berücksichtigt wurden und deren Diagnose einen dynamischen Fahrzeugbetrieb voraussetzt, um komplexe und schwer beherrschbare verteilte Systeme in Serienfahrzeugen diagnostizieren zu können.
- Die Realisierung und Anpassung erweiterter off-board-basierter Testapplikationen zur Zustandsbewertung von Fahrzeugsystemen und –funktionen.
- Die Unterstützung und Erweiterung von normkonformen und herstellerspezifischen Test- und Freigabeprozessen.
- Die Abschätzung des Potenzials der standardisierten und implementierten Diagnose- und Off-Board-Kommunikation mit Erweiterungsmöglichkeiten für zukünftige Anforderungen.

Damit kann eine modellbasierte problemorientierte Diagnose realisiert werden. Diese kann fahrzeugextern über ein Remote-System implementiert und eingerichtet werden, wobei für die Diagnose lediglich Basisdaten des zu untersuchenden Systems benötigt werden. Ausgehend von bestehenden Ansätzen zur Ferndiagnose ermöglicht das Verfahren zukünftig weiterhin einen fließenden Übergang zum Remote Data Logging und zu Real-World-Messung von Daten mit ausreichender Datenmenge in Serienfahrzeugen, mit denen der Zustand und das Verhalten des Fahrzeugs und seiner Systeme in der Cloud überwacht und analysiert werden können. Dies erlaubt die Erhöhung der Fahrzeug-Sicherheit und Verfügbarkeit.

Literaturverzeichnis

[1] M. S. Krützfeld, Verfahren zur Analyse und zum Test von Fahrzeugdiagnosesystemen im Feld, M. Prof. Dr.-Ing. Bargende, J. Prof. Dr.-Ing. Wiedemann und . H. Prof. Dr.-Ing. Reuss, Hrsg., Stuttgart: Springer Vieweg, 2015.

[2] A. Heinz, H.-C. Reuss und M. Grimm, *Beitrag zur effektiven Messdatenerfassung zur Realisierung von Off-Board gestützter präventiver Fahrzeug- und System-Diagnose,* Dresden: TUDpress, 2022.

[3] Brockhaus, „Diagnose (allgemein)," 2021.

[4] Brockhaus, „Diagnose (Medizin)," 2021.

[5] ASAM e.V, *ASAM MCD-1 (XCP on CAN) - The Universal Measurement and Calibration Protocol,* ASAM e.V., 2017.

[6] A. Cornet, Vernetzte Autos und autonomes Fahren als Wachstumstreiber für Zulieferer, McKinsey & Company, 2015.

[7] H. Wallentowitz und K. Reif, Hrsg., Handbuch Kraftfahrzeugelektronik - Grundlagen, Komponenten,Systeme, Anwendungen, Bd. 1, Wiesbaden: Vieweg + Teubner Verlag,, 2006.

[8] S. Luber und N. Litzel, „BIGDATA INSIDER - Was ist ein ADAS (Advanced Driver Assistance System)?," 24 11 2020. [Online]. Available: https://www.bigdata-insider.de/was-ist-ein-adas-advanced-driver-assistance-system-a-979781/. [Zugriff am 22 04 2023].

[9] A. Tigadi, R. Gujanatti und A. Gonchi, *ADVANCED DRIVER ASSISTANCE SYSTEMS,* International Journal of Engineering Research and General Science, 2016.

A. Heinz, *Nutzung der Fahrzeug-Schnittstelle zur Datenerfassung im dynamischen Fahrzeug-Betrieb*, Wissenschaftliche Reihe Fahrzeugtechnik Universität Stuttgart,
https://doi.org/10.1007/978-3-658-44166-1

[10] International Organization for Standardization, *ISO 11898-1:2015 Road vehicles — Controller area network (CAN),* International Organization for Standardization, 2015.

[11] CAN in Automation, CiA, „CiA - CAN FD - The basic idea," [Online]. Available: https://www.can-cia.org/can-knowledge/can/can-fd/. [Zugriff am 26 03 2023].

[12] A. K. Sinha und S. Saurabh, „CAN FD: Performance Reality," in *3rd IEEE International Conference on "Computational Intelligence and Communication Technology" (IEEE-CICT 2017)*, 2017.

[13] H. K. Eisele und K. P. Orlando, „What CAN FD offers for automotive networking," in *14. Internationales Stuttgarter Symposium*, Stuttgart, 2014.

[14] CAN in Automation, CiA, „CiA - SIG CAN XL," 2022. [Online]. Available: https://www.can-cia.org/groups/technical-groups/technical-committee-tc/ig-lower-layers/sig-can-xl/. [Zugriff am 3 2023].

[15] P. Decker und O. Garnatz, „CAN XL für zukünftige Fahrzeugarchitekturen," *Hanser Automotive,* 5 2020.

[16] H. Zeltwanger, „all-electronics - CAN XL als Backbone im Fahrzeug," 7 9 2022. [Online]. Available: https://www.all-electronics.de/automotive-transportation/can-xl-als-backbone-im-fahrzeug-401.html. [Zugriff am 3 2023].

[17] itwissen.info, „ITWissen.info - Automotive-Ethernet," 24 02 2020. [Online]. Available: https://www.itwissen.info/Automotive-Ethernet-automotive-Ethernet.html. [Zugriff am 17 04 2023].

[18] International Organization for Standardization, *Information technology - Open Systems Interconnection,* International Organization for Standardization, 1994.

[19] itwissen.info, „ITWissen.info - BroadR-Reach," 22 09 2019. [Online]. Available: https://www.itwissen.info/BroadR-Reach-BroadR-Reach.html. [Zugriff am 17 04 2023].

[20] Vector Informatik GmbH, „Vector - Lösungen für Automotive Ethernet," [Online]. Available: https://www.vector.com/de/de/produkte/solutions/networks/automotive-ethernet/#.

[21] A. Patterson, „elektroniknet - Ethernet im Fahrzeug," 12 12 2016. [Online]. Available: https://www.elektroniknet.de/automotive/ethernet-im-fahrzeug.136909.html. [Zugriff am 17 04 2023].

[22] S. e. a. Sommer, *A Centralized Platform Computer Based Architecture,* IEEE International Electric Vehicle Conference: IEEE, 2013.

[23] K. Borgeest, Elektronik in der Fahrzeugtechnik, Wiesbaden: Springer Fachmedien Wiesbaden GmbH, 2021.

[24] T. Nickl, „Guardknox - DIE EVOLUTION DER EE-ARCHITEKTUR," 22 02 2021. [Online]. Available: https://blog.guardknox.com/de/the-evolutionary-path-to-zonal-ee-archit ecture. [Zugriff am 23 04 2023].

[25] S. Frohn und F. Rees, „Vom Signal zum Service," *Elektronik Automotive,* 2018.

[26] C. Butzkamm und K. Brand, „Serviceorientierte E/E-Architektur mit der Innovationsplattform HARRI," *ATZ Elektronik,* 03 2020.

[27] International Organization for Standardization, *ISO 20730 Road vehicles — Vehicle interface for electronic Periodic Technical Inspection (ePTI),* International Organization for Standardization, 2021.

[28] International Organization for Standardization, *ISO 15031 - Road vehicles Communication between,* International Organization for Standardization, 2001.

[29] Society of Automotive Engineers, *SAE J1979: E/E Diagnostic Test Modes,* 2002.

[30] International Organization for Standardization, ISO 14229-1: Road vehicles — Unified diagnostic - Part 1: Road vehicles — Unified diagno-

stic services (UDS) — Part 1: Application layer, Schweitz: International Organization for Standardization, 2020.

[31] International Organization for Standardization, *ISO 27145 Road vehicles — Implementation of World-Wide Harmonized On-Board Diagnostics (WWH-OBD) communication requirements,* International Organization for Standardization, 2012.

[32] International Organization for Standardization, *ISO 14230 - Road vehicles — Diagnostic systems — Keyword Protocol 2000,* International Organization for Standardization, 2000.

[33] International Organization for Standardization, *ISO 14229-3: Road vehicles — Unified diagnostic - Part 3: Unified diagnostic services on CAN implementation (UDSonCAN),* Schweitz: International Organization for Standardization, 2022.

[34] International Organization for Standardization, *ISO 14229-4: Road vehicles — Unified diagnostic - Part 4: Unified diagnostic services on FlexRay implementation (UDSonFR),* Schweitz: International Organization for Standardization, 2012.

[35] International Organization for Standardization, *ISO 14229-5: Road vehicles — Unified diagnostic - Part 5: Unified diagnostic services on Internet Protocol implementation (UDSonIP),* Schweitz: International Organization for Standardization, 2022.

[36] International Organization for Standardization, *ISO 14229-7: Road vehicles — Unified diagnostic - Part 7: Unified diagnostic services on Local Interconnect Network implementation (UDSonLIN),* Schweitz: International Organization for Standardization, 2022.

[37] International Organization for Standardization, *ISO 15765 - Road vehicles - Diagnostic communication over Controller Area Network (DoCAN),* Switzerland: International Organization for Standardization, 2011.

[38] International Organization for Standardization, *ISO 13400 Road vehicles — Diagnostic communication over Internet Protocol (DoIP),* International Organization for Standardization, 2011.

[39] International Organization for Standardization, *ISO 15765 - Road vehicles - Diagnostic communication over Controller Area Network (DoCAN) - Part 1: General information and use case definition,* Schweiz: International Organization for Standardization, 2011.

[40] International Organization for Standardization, *ISO 15765 - Road vehicles - Diagnostic communication over Controller Area Network (DoCAN) - Part 2: Transport protocol and network layer services,* Schweiz: International Organization for Standardization, 2016.

[41] International Organization for Standardization, *ISO 15765 - Road vehicles - Diagnostic communication over Controller Area Network (DoCAN) - Part 3: Implementation of unified diagnostic services (UDS on CAN),* Schweiz: International Organization for Standardization, 2004.

[42] International Organization for Standardization, *ISO 15765 - Road vehicles - Diagnostic communication over Controller Area Network (DoCAN) - Part 4: Requirements for emissions-related systems,* Schweiz: International Organization for Standardization, 2021.

[43] International Organization for Standardization, *ISO 15765 - Road vehicles - Diagnostic communication over Controller Area Network (DoCAN) - Part 5: Specification for an in-vehicle network connected to the diagnostic link connector,* Schweiz: International Organization for Standardization, 2021.

[44] W. Zimmermann und R. Schmidgall, Bussysteme in der Fahrzeugtechnik - Protokolle, Standards und Softwarearchitektur, 5. Auflage, Wiesbaden: Springer Vieweg, 2014.

[45] R. Davis, A. Burns, R. Bril und J. Lukkien, „CAN Schedulability Analysis: Refuted, Revised and Revisited," *Real-Time Systems Journal,* Bd. Heft 3, 2007.

[46] T. Nolte, H. Hansson, C. Norström und S. Punnekkat, *Using Bitstuffing Distributions in CAN Analysis,* London: IEEE Real-time Embedded Systems Workshop, 2001.

[47] K. Berns, A. Köpper und B. Schürmann, Technische Grundlagen Eingebetteter Systeme, Wiesbaden: Springer Vieweg, 2019.

[48] T. Westermann, Mathematik für Ingenieure - Ein anwendungsorientiertes Lehrbuch, Berlin: Springer-Verlag, 2008.

[49] M. Brost, Automatisierte Testfallerzeugung auf Grundlage einer zustandsbasierten Funktioinsbeschreibung für Kraftfahrzeugsteuergeräte, Stuttgart: Expert Verlag, 2009.

[50] K.-H. Dietsche und S. Mischo, „Vernetzung im Kraftfahrzeug," in *Methodische Beiträge zur Realisierung einer zentralisierten Server-Client-Architektur für eine sichere IP-basierte Fahrzeugdiagnose am Beispiel einer Service-Werkstatt*, Cuvillier Verlag, 2014, p. 180.

[51] S. Kiris, *Untersuchung der Nutzbarkeit der Offboard-Fahrzeugdiagnose zur Messdatenerfassung im dynamischen Fahrbetrieb - Anforderungen, Randbedingungen und Validierung,* Stuttgart: Universität Stuttgart, 2021.

[52] Robert Bosch GmbH, *CAN Specification 2.0,* Robert Bosch GmbH, 1991.

[53] R. Röhrle, „Expertensystem zur Daten- und Systemapplikation," *ATZ - Automobiltechnische Zeitschrift,* 04 2015.

[54] F. Dudenhöffer und M. Krüger, „Qualitäts-Herausforderung Fahrzeug-Elektronik," *ATZ - Automobiltechnische Zeitschrift,* 2 2003.

[55] F. Dudenhöffer und M. Krüger, „Ausfallrate durch Elektrik/Elektronik steigt weiter," *ATZ - Automobiltechnische Zeitschrift,* 11 2004.

[56] M. Steffelbauer, „Fahrzeugdiagnose – vom lästigen Übel zum gewollten Muss (Teil 1)," *AUTOMOTIVE,* 5 6 2011.

[57] A. Heinz und H.-C. Reuss, *Measurement data acquisition for off-board supported diagnostic functions – arithmetic and simulative view,* Stuttgart: Springer, 2022.

[58] F. Hartwich, „CAN with flexible data-rate," *CAN Newsletter,* p. 5, 2 2012.

[59] P. Decker, „Wege vom klassischen CAN zum verbesserten CAN FD," *Elektronik Automotive,* 4 2013.

[60] International Organization for Standardization, *ISO/AWI 17978 - Road vehicles — Service-oriented vehicle diagnostics (SOVD),* International Organization for Standardization, Under development.

[61] Vector Informatik GmbH, *ZEVonUDS – OBD-Diagnose jetzt auch für Elektrofahrzeuge,* Stuttgart, 2023.

[62] International Organization for Standardization, *ISO/IEC 7498-1:1994(E) - Information technology — Open Systems Interconnection — Basic Reference Model:The Basic Model,* International Organization for Standardization, 1994.

[63] Wikipedia, „wikipedia - Fahrerassistenzsystem," 17 03 2023. [Online]. Available: https://de.wikipedia.org/wiki/Fahrerassistenzsystem. [Zugriff am 22 04 2023].

[64] eNOVA Strategiekreis Automobile Zukunft, „Schlüsselrolle der E/E-Architektur und der Bordnetze für das Automobil der Zukunft," 2020.

[65] Deutsches Institut für Normung e.V., „Kraftstoffe für Kraftfahrzeuge – Erdgas – Anforderungen und Prüfverfahren," *DIN 51624,* 2008.

[66] K. Altfeld und P. Schley, „Entwicklung der Erdgasbeschaffenheit in Europa," *Gaswärme International,* pp. 58-63, Februar 2012.

[67] DVGW, „Gasbeschaffenheit," *Technische Regel - Arbeitsblatt DVGW G 260 (A),* März 2013.

[68] Deutsche Energie-Agentur GmbH (dena), „Erdgas und Biomethan im künftigen Kraftstoffmix," Studie, Berlin, 2011.

[69] CAN in Automation, CiA, „CiA - Controller Area Network Extra Long (CAN XL)," [Online]. Available: https://www.can-cia.org/can-knowledge/can/can-xl. [Zugriff am 3 2023].

[70] Vector Informatik GmbH, „Vector - SOVD - Service-Oriented Vehicle Diagnostics," [Online]. Available: https://www.vector.com/de/de/produkte/solutions/diagnose-standards/sovd-service-oriented-vehicle-diagnostics/#. [Zugriff am 25 04 2023].

[71] W. Cartellieri, G. Taucar und U. Pfeifer, „Erweiterung der Energieerzeugung durch Kraftgase," *FVV-Forschungsberichte 2-235/1/2/3, Frankfurt/M.,* 1968-1970.

[72] A. Heinz, *5th Shanghai-Stuttgart-Symposium on Automotive and Powertrain Technology - A method for measuring data acquisition for model based off-board diagnostic functions,* Shanghai, 2021.

[73] International Organization for Standardization, *ISO 14229-6: Road vehicles — Unified diagnostic - Part 6: Unified diagnostic services on K-Line implementation (UDSonK-Line),* Schweitz: International Organization for Standardization, 2022.

[74] B. Gottschalk und A. Specht, „Diagnose – Next Generation," in *Diagnose in mechatronischen Fahrzeugsystemen XV*, Dresden, TUDpress, 2022.

[75] M. Steffelbauer, „SOVD – Der Diagnosestandard von morgen," *Automobiltechnik,* 04 2012.

[76] International Organization for Standardization, *ISO 15031 - Road vehicles Communication between vehicle and external equipment for emissions-related diagnostics,* International Organization for Standardization, 2006.

Anhang

A1. Übersicht Transport- und Diagnose-Protokolle moderner Serienfahrzeuge

Tabelle A.1: Transport- und Diagnose-Protokolle moderner Serienfahrzeuge

Hersteller	Model	Transport-Protokoll	Diagnose-Protokoll
Audi	A6 50 TFSI e (C8)	ISO-TP	UDS
	A6 55 TFSI e (C8)	ISO-TP	UDS
	A8 60 TFSI e (D5)	ISO-TP	UDS
	A3 45 TFSI e (8Y)		
	Audi A3 40 TFSI e (8Y)	ISO-TP	UDS
	e-tron 50 quattro (GE)	ISO-TP	UDS
	e-tron 55 quattro (GE)	ISO-TP	UDS
	e-tron GT quattro (FW)	ISO-TP	UDS
	e-tron S (GE)	ISO-TP	UDS
	Q4 40 e-tron (F4)	ISO-TP	UDS
	Q4 45 e-tron quattro (F4)	ISO-TP	UDS
	Q4 50 e-tron quattro (F4)	ISO-TP	UDS
	Q5 50 TFSI e (FY)	ISO-TP	UDS
	Q5 55 TFSI e (FY) 17,7	ISO-TP	UDS
	RS e-tron GT quattro (FW)	ISO-TP	UDS
BMW	2er	ISO-TP	UDS
	330e XDrive (G20-G21)	ext. ISO-TP	UDS
	530e (G30-G31)	ext. ISO-TP	UDS
	I3 120Ah (I01)	ext. ISO-TP	UDS
	i3 21.6kWh	ext. ISO-TP/ISO-TP	UDS
	I3s 120Ah (I01) 42,2	ext. ISO-TP	UDS

A. Heinz, *Nutzung der Fahrzeug-Schnittstelle zur Datenerfassung im dynamischen Fahrzeug-Betrieb*, Wissenschaftliche Reihe Fahrzeugtechnik Universität Stuttgart,
https://doi.org/10.1007/978-3-658-44166-1

Hersteller	Model	Transport-Protokoll	Diagnose-Protokoll
	i3s 120Ah (I01) 42,2kWh	ext. ISO-TP/ISO-TP	UDS
	i4 eDrive40 (G26)	ext. ISO-TP	UDS
	iX XDrive_40 (I20)	ext. ISO-TP	UDS
	iX3 (G08) 80kWh	ext. ISO-TP	UDS
	X1 xDrive25e (F48)	ext. ISO-TP	UDS
	X5 xDrive 45e iPerformance	ext. ISO-TP	UDS
	X5 xDrive40e (F15)	ext. ISO-TP	UDS
Citroen	C-Zero 16 14,5kWh	ISO-TP	UDS
Cupra	Born 58 62	ISO-TP	UDS
	Forementor_Hybrid_13kWh	ISO-TP	UDS
	Formentor 1.4 e-Hybrid 12.8	ISO-TP	UDS
e.Go	Life_66kWh	ISO-TP	UDS
FIAT	500e (New500)	ISO-TP	UDS
Ford	Explorer 3.0 EcoBoost PHEV 13,6kWh	ISO-TP	UDS
	Kuga 2.5 Duratec PHEV 14,4kWh	ISO-TP	UDS
	Mustang Mach-E AWD 98,8kWh	ISO-TP	UDS
Honda	e Advanced 35,5kWh	ISO-TP	UDS
Hyundai	Ioniq 5 (NE) 72,6kWh	ISO-TP	UDS
	Ioniq Electric 28kWh	ISO-TP	UDS
	Ioniq Electric 38,3kWh	ISO-TP	UDS
	Ioniq Plug-in-Hybrid 8,9kWh	ISO-TP	UDS
	Kona(Kauai) Electric 39,2 kWh	ISO-TP	UDS
	Kona(Kauai) Electric 64 kWh	ISO-TP	UDS
	Tuscon 1.6 T-GDI PHEV 13,8kWh	ISO-TP	UDS

Hersteller	Model	Transport-Protokoll	Diagnose-Protokoll
Jaguar	I-Pace EV320 SE 90,2kWh	ISO-TP	UDS
	I-Pace EV400 S 90,2kWh	ISO-TP	UDS
Jeep	Compass 4xe S 11,4kWh	ISO-TP	UDS
	Renegate 4xe S 11,4kWh	ISO-TP	UDS
Kia	Ceed 1.6 GDI PHEV 8,9kWh	ISO-TP	UDS
	e-Niro 67,5	ISO-TP	UDS
	e-Soul 42	ISO-TP	UDS
	e-Soul 67,5	ISO-TP	UDS
	EV6 RWD 77,4kWh	ISO-TP	UDS
	Niro EV (SG2) 68kWh	ISO-TP	UDS
	Niro PHEV 8,9kWh	ISO-TP	UDS
	Optima 2.0 GDI Hybrid 11,3kWh	ISO-TP	UDS
	Sorento 1.6 T-GDI AWD (MQ4) 13kWh	ISO-TP	UDS
	Soul EV 27kWh	ISO-TP	UDS
	Sportage PHEV (NQ5E) 13,8kWh	ISO-TP	UDS
	XCeed 1.6 GDI PHEV 8,9kWh	ISO-TP	UDS
Land-Rover	Range Rover Velar Hybrid 17kWh	ISO-TP	UDS
Lexus	NX 450h_plus (AZ20) 18kWh	ISO-TP	UDS
Mercedes	A 250 e (177) 15.6kWh	ISO-TP	UDS
	B 250 e (247) 15,6kWh	ISO-TP	UDS
	C 300 de (205) 13.5kWh	ISO-TP	UDS
	E 300 de (213) 13,5kWh	ISO-TP	UDS
	EQA 250 (243) 66.5kWh	ISO-TP	UDS
	EQC 400 4MATIC (N293) 80kWh	ISO-TP	UDS
	EQV 300 (447) 100kWh	ISO-TP	UDS
	eVito 111 (447) 41,4kWh	ISO-TP	UDS

Hersteller	Model	Transport-Protokoll	Diagnose-Protokoll
	GLC 300de (253) 13,5	ISO-TP	UDS
	GLC 300e 4MATIC (253) 9,3	ISO-TP	UDS
	GLE 350 de 4MATIC (167) 31,2kWh	ISO-TP	UDS
	EQB 300 4MATIC (243) 66.5kWh	ISO-TP	UDS
MG	ZS EV 70kWh	ISO-TP	UDS
Mini	Cooper SE (F56) 32,6kWh	ext.ISO-TP	UDS
Mitsubishi	Eclipse Cross PHEV 4WD 13,8kWh	ISO-TP	UDS
	IMiev	ISO-TP	KWP2000
	Outlander PHEV (CW0) 13,8kWh	ISO-TP	KWP2000
Nissan	e-NV200 40kWh	ISO-TP	KWP2000
	Leaf e+ (ZE1)	ISO-TP	KWP2000
Opel	Astra PHEV (L) 12,4kWh	ISO-TP	UDS
	Combo-e (E) 50kWh	ISO-TP	UDS
	Grandland X PHEV (P1UO) 13,2kWh	ISO-TP	UDS
	Mokka-e 50kWh 45kWh	ISO-TP	UDS
	Vivaro-e 50kWh 45kWh	ISO-TP	UDS
Peugeot	e-2008 (II) 50kWh	ISO-TP	UDS
	e-208 (II) 50kWh	ISO-TP	UDS
	ION_16kWh	ISO-TP	KWP2000
Polestar	Polestar 2 Long Range Dual Motor 78kWh	ISO-TP	UDS
	Polestar 2 Long Range Dual Motor 78kWh 2	ISO-TP	UDS
	Polestar 2 Long Range Single Motor 78kWh	ISO-TP	UDS
	Polestar 2 Standard Range Single Motor 64kWh	ISO-TP	UDS
		ISO-TP	UDS

Hersteller	Model	Transport-Protokoll	Diagnose-Protokoll
	Polestar 2 Standard Range Single Motor 69kWh		
Porsche	Taycan Turbo S (J1) 93,4kWh Panamera 4 E-Hybrid (971) 17,9 Taycan (J1) 93,3kWh Taycan 4S (J1) 93,4	ISO-TP ISO-TP ISO-TP ISO-TP	UDS UDS UDS UDS
Renault	Kangoo II Z.E. (W) 33kWh Zoe Q90 25,9kWh Zoe Q90 44kWh Zoe R110 54kWh	ISO-TP ISO-TP ISO-TP ISO-TP	KWP2000 KWP2000 KWP2000/UDS UDS
Skoda	Citigo-e iV 36,8kWh Enyaq iV 80 82kWh	ISO-TP ISO-TP	UDS UDS
Smart	EQ Forfour (453) 17,6kWh EQ Fortwo (453) 17,6kWh	ISO-TP ISO-TP	KWP2000 KWP2000/UDS
Toyota	Prius PHEV (IV) 8,8kWh Prius_8_8kWh Proace Electric (K0) 75kWh RAV4 PHEV 18kWh	ISO-TP ISO-TP ISO-TP ISO-TP	UDS KWP2000 UDS UDS
Volkswagen	e-Golf VII 35,8kWh e-up! 18,7 e-up! 36,8 Golf VII (BQ1) GTE 8,7kWh ID.3 Pro Performance (E1) 62kWh ID.3 Pro S (E1) 82kWh ID.3 Pure Performance (E1) 55kWh ID.4 Pro Performance (E2) 82kWh ID.5 Pro Performance 82kWh	ISO-TP ISO-TP ISO-TP ISO-TP ISO-TP ISO-TP ISO-TP ISO-TP ISO-TP	UDS UDS UDS UDS UDS UDS UDS UDS UDS

Hersteller	Model	Transport-Protokoll	Diagnose-Protokoll
	Passat GTE (B8) 13kWh 09	ISO-TP	UDS
	T6_ABTe	ISO-TP	UDS
Volvo	XC40 Recharge 7,51kWh	ISO-TP	UDS
	XC60 T8_AWD (SPA) 11,6kWh	ISO-TP	UDS
	XC90 T8 AWD 11,6kWh	ISO-TP	UDS

A2. Übersicht Fahrzeug-Diagnose-Standards in OSI-Schichten Darstellung

OSI Schicht	CARB	KWP2000	KWP2000					UDSon CAN	UDSon FR	UDSon IP	UDSon K-Line	UDSon LIN	WWH OBD Legislated		
7 Anwendung	ISO 15031-5 (SAE J1979)	ISO 14230-4	ISO 15031-5 (SAE J1979)	ISO 15765-3	ISO 15031-5 SAE J1979	ISO 15031-5 SAE J1979	SAE J1939-71/73 SAE J1939-81	ISO 14229-1					ISO 27145-3		
								ISO 14229-3	ISO 14229-4	ISO 14229-5	ISO 14229-6	ISO 14229-7	ISO 14229-1		
6 Präsentation								veh. manuf. specific					ISO 27145-2		
													SAE J1930-DA, SAE J1939 Companion Spreadsheet (SPNs), SAE J1939-73:2010, Appendix A (FMIs), SAE J1979-DA, SAE J2012-DA		
5 Session					ISO 15765-4			ISO 14229-2					ISO 14229-2		
4 Transport Protocol								ISO 15765-2	ISC 10681-2	ISO 13400-2		ISO 17987-2	ISO 27145-4	ISO 15765-2 DoCAN, ISO 15765-4 DoCAN,	ISO 13400-2 DoIP TCP and IP
3 Network Layer				ISO 15765-2	ISO 15765-2, ISO 15765-4		SAE J1939-31								
2 Data Link	ISO 9141-2	ISO 14230-2	ISO 14230-2	ISO 11898-1	ISO 11898, ISO 15765-4	SAE J1850	SAE J1939-21 (ISC 11898-1)	ISO 11898-1	ISO 17458-2	ISO 13400-3 IEEE 802.3	ISO 14230-2	ISO 17987-3		ISO 11898-1 CAN DLL, ISO 11898-2 CAN HS, ISO 15765-4 DoCAN	ISO 13400-3 DoIP, IEEE 802.3
1 Physikalische Schicht	ISO 9141-2	ISO 14230-1 (based on ISO 9141-2)	ISO 14230-1 (based on ISO 9141-2)	ISO11898-2/3	ISO 11898, ISO 15765-4	SAE J1850	SAE J1939-11/15	ISO11898-2	ISO 17458-4		ISO 14230-1 (based on ISO 9141-2)	ISO 17987-4			

1988 — 1990 — 2000 — 2010 — 2020

A3. Definitionen für Daten-Identifier nach ISO 14229-1

Tabelle A.2: Daten-Identifier nach ISO 14229-1

Verwendungszweck	**Identifier Wert/Bereich**	**Beschreibung**
ISOSAEReserved	0x0000 – 0x00FF 0xF18F 0xFF01 – 0xFFFF	
VehicleManufacturerSpecific	0x0000 – 0x00FF 0xA800 – 0xACFF 0xB000 – 0xB1FF 0xB200 – 0xBFFF 0xCF00 – 0xEFFF 0xF010 – 0xF0FF	
ReservedForLegislativeUse	0xA600 – 0xA7FF 0xAD00 – 0xAFFF 0xB200 – 0xBFFF 0xC300 – 0xCEFF 0xFB00 – 0xFCFF	
Defined by ISO 14229	0xCF00 – 0xEFFF 0xF100 – 0xF17F 0xF180 – 0xF18E	Boot- software, application software and application data specific informations
Defined by ISO 14229	0xF190 – 0xF19F	Ecu and vehicle specific informations like VINDataIdentifier, vehicleManufacturerECU-Hardware NumberDataIdentifier, systemSupplierECUHardware, NumberDataIdentifier,

Verwendungszweck	**Identifier Wert/Bereich**	**Beschreibung**
		systemSupplierECUHardware VersionNumberDataIdentifier programmingDateDataIdentifier
SystemSupplierSpecific	0xF900 – 0xFAFF	systemSupplier specific informations like TachographDataIdentifier AirbagDeploymentDataIdentifier EDR infos SafetySystemDataIdentifier
VehicleManufacturerSpecific	0xF1A0 – 0xF1EF	identificationOption VehicleManufacturerSpecific
SystemSupplierSpecific	0xF1F0 – 0xF1FF 0xFD00 – 0xFEFF	identificationOptionSystemSupplierSpecific
periodicDataIdentifier	0xF200 – 0xF2FF	
DynamicallyDefinedDataIdentifier	0xF300 – 0xF3FF	
OBDspecific	0xF400 – 0xF5FF 0xF600 – 0xF7FF 0xF800 – 0xF8FF	OBDDataIdentifier OBDMonitorDataIdentifier OBDInfoTypeDataIdentifier
	0xFF00	UDSVersionDataIdentifier

Printed in the United States
by Baker & Taylor Publisher Services

Printed in the United States
by Baker & Taylor Publisher Services